U0187620

Excel

2021 办公应用

从入门到精通

刘扬◎编著

北京大学出版社

PEKING UNIVERSITY PRESS

内 容 提 要

本书通过精选案例引导读者深入学习，系统介绍了使用 Excel 2021 办公的相关知识和应用方法。

全书分为 5 篇，共 15 章。第 1 篇"快速入门篇"主要介绍 Excel 2021 的安装与配置、Excel 2021 的基本操作、数据的输入与编辑技巧，以及工作表的美化和数据的查看等；第 2 篇"公式函数篇"主要介绍公式及函数的运用；第 3 篇"数据分析篇"主要介绍数据列表管理、图表的应用及数据透视表和数据透视图等；第 4 篇"办公实战篇"主要介绍 Excel 2021 在企业办公、人力资源管理、市场营销及财务管理中的高效应用；第 5 篇"高手秘籍篇"主要介绍 Excel 2021 文档的打印和 Office 组件间的协作。

本书既适合计算机初级、中级用户学习，也可以作为各类院校相关专业学生和计算机培训班学员的教材或辅导用书。

图书在版编目（CIP）数据

Excel 2021 办公应用从入门到精通 / 刘扬编著 . —北京：北京大学出版社，2022.3
ISBN 978-7-301-32894-1

Ⅰ . ① E… Ⅱ . ①刘… Ⅲ . ①表处理软件 Ⅳ . ① TP391.13

中国版本图书馆 CIP 数据核字 (2022) 第 032498 号

书　　　名	Excel 2021 办公应用从入门到精通
	EXCEL 2021 BANGONG YINGYONG CONG RUMEN DAO JINGTONG
著作责任者	刘 扬 编著
责 任 编 辑	王继伟 杨 爽
标 准 书 号	ISBN 978-7-301-32894-1
出 版 发 行	北京大学出版社
地　　　址	北京市海淀区成府路 205 号　100871
网　　　址	http://www.pup.cn　新浪微博：@北京大学出版社
电 子 信 箱	pup7@ pup.cn
电　　　话	邮购部 010-62752015　发行部 010-62750672　编辑部 010-62570390
印 刷 者	北京溢漾印刷有限公司
经 销 者	新华书店
	787 毫米 ×1092 毫米　16 开本　18.25 印张　455 千字
	2022 年 3 月第 1 版　2022 年 3 月第 1 次印刷
印　　　数	1-4000 册
定　　　价	79.00 元

前言

Excel 2021 很神秘吗？ **不神秘！**

学习 Excel 2021 难吗？ **不难！**

阅读本书能掌握 Excel 2021 的使用技巧吗？ **能！**

为什么要阅读本书

Office 是现代职场人士日常办公不可或缺的工具，主要包括 Word、Excel、PowerPoint 等组件，被广泛地应用于财务、行政、人事等众多领域。本书从实用的角度出发，结合应用案例，模拟真实的办公环境，介绍 Excel 2021 的使用方法与技巧，旨在帮助读者全面、系统地掌握 Excel 2021 在办公中的应用。

选择本书的 N 个理由

❶ 案例为主，简单易学

以案例为主线，贯穿知识点，实操性强，与读者的需求紧密结合，模拟真实的工作环境，帮助读者解决在工作中遇到的问题。

❷ 高手支招，高效实用

本书的"高手支招"版块提供了大量实用技巧，既能满足读者的学习需求，也能解决读者在工作、学习中遇到的一些常见问题。

❸ 举一反三，巩固提高

本书的"举一反三"版块提供与本章知识点有关或类型相似的综合案例，帮助读者巩固所学内容，提高操作水平。

❹ 海量资源，实用至上

赠送大量实用的模板、实用技巧及辅助学习资料等，便于读者学习。

配套资源

❶ 25 小时名师视频教程

教学视频涵盖本书所有知识点，详细讲解每个实例及实战案例的操作过程和关键点，读者可更轻松地掌握 Excel 2021 的使用方法和技巧。

❷ 超多、超值资源赠送

赠送本书素材文件和结果文件、本书配套 PPT 课件、通过互联网获取学习资源的方法、办公类手机 APP 索引、办公类网络资源索引、Word/Excel/PowerPoint 2021 常用快捷键查询手册、Office 十大实战应用技巧、1000 个 Office 常用模板、Excel 函数查询手册、《微信高手技巧随身查》电子书、《QQ 高手技巧随身查》电子书、《高效能人士效率倍增手册》电子书等超值资源，以方便读者扩展学习。

配套资源下载

为了方便读者学习，本书配备了多种学习方式，供读者选择。

❶ 下载地址

扫描下方二维码关注微信公众号，输入本书 77 页的资源提取码，即可下载本书配套资源。

❷ 使用方法

下载配套资源到电脑端，单击相应的文件夹即可查看对应的资源，在操作时可随时取用。

本书读者对象

1. 没有任何办公软件应用基础的初学者。
2. 有一定办公软件应用基础，想精通 Excel 2021 的人员。
3. 有一定办公软件应用基础，但没有实战经验的人员。
4. 各个院校及培训学校的老师和学生。

创作者说

本书由龙马高新教育策划，河南工业大学教授刘扬主编。在本书编写过程中，我们竭尽所能地为读者呈现最好、最全的实用功能，但仍难免有疏漏和不妥之处，敬请广大读者不吝指正。若读者在学习过程中产生疑问，或者有任何建议，可以通过邮箱与我们联系。

读者邮箱：2751801073@qq.com

目录
CONTENTS

第1篇 快速入门篇

第1章 快速上手——Excel 2021 的安装与配置

　　Excel 2021 是微软公司推出的 Office 2021 办公软件的一个重要组成部分，主要用于处理电子表格，可以高效地完成各种表格和图表的设计，进行复杂的数据计算和分析。本章将介绍 Excel 2021 的安装与卸载、启动与退出，以及 Excel 2021 的工作界面介绍与修改等内容。

第2章 Excel 2021 的基本操作

　　本章主要学习 Excel 工作簿和工作表的基本操作。对于初学 Excel 的人员来说，可能会将工作簿和工作表混淆，而这二者的操作是学习 Excel 时首先应该了解的。

第3章 数据的输入与编辑技巧

　　本章主要学习 Excel 工作表编辑数据的常用技巧和高级技巧。对于初学 Excel 的人来说，在单元格中编辑数据是第一步操作，本章详细介绍了如何在单元格中输入数据及对单元格的基本操作。

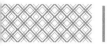
Excel 2021
办公应用从入门到精通

本章将通过员工资料归档管理表的制作，详细介绍表格的创建和编辑、文本段落的格式设计、套用表格样式、设置条件格式及数据的查看方式等内容，帮助读者掌握制作表格和美化表格的操作技巧。

第2篇 公式函数篇

第5章 简单数据的快速计算——公式

本章将详细介绍公式的输入和使用、单元格的引用及审核公式是否正确等内容。通过对本章内容的学习，读者可以了解公式强大的计算功能，从而为分析和处理工作表中的数据提供极大的方便。

第6章　复杂数据的处理技巧——函数

通过对本章内容的学习，读者将对函数有一个全面的了解。本章首先介绍函数的基本概念和输入方法，其次通过常见函数的使用来具体解析各个函数的功能，最后通过案例综合运用相关函数，为读者熟练使用函数奠定坚实的基础。

第3篇　数据分析篇

第7章　初级数据处理与分析——数据列表的管理

本章主要介绍 Excel 2021 中的数据验证功能、数据排序和筛选功能及数据分类汇总功能。通过对本章内容的学习，读者可以掌握数据的处理和分析技巧，并通过所学知识轻松快捷地管理数据列表。

第8章 中级数据处理与分析——图表的应用

图表作为一种比较形象、直观的表达形式，不仅可以直观地展示各种数据的多少，还可以展示数据增减变化的情况，以及部分数据与总数据之间的关系。本章主要介绍图表的创建及应用方法。

第9章 专业数据的分析——数据透视表和透视图

作为专业的数据分析工具，数据透视表不仅可以清晰地展示出数据的汇总情况，而且对数据的分析和决策起着至关重要的作用。本章主要介绍创建、编辑和设置数据透视表，以及创建透视图和切片器的应用等内容。

第 4 篇　办公实战篇

第 10 章　Excel 在企业办公中的高效应用

　　本章主要介绍 Excel 在企业办公中的高效应用，包括制作客户信息管理表、部门经费预算汇总表和员工资料统计表。通过对本章内容的学习，读者可以比较轻松地完成企业办公中的常见工作。

第 11 章　Excel 在人力资源管理中的高效应用

　　本章主要介绍 Excel 在人力资源管理中的高效应用，包括制作公司年度培训计划表、员工招聘流程图及员工绩效考核表。通过对这些知识的学习，读者可以掌握 Excel 在人力资源管理中的应用技巧。

第 12 章　Excel 在市场营销中的高效应用

　　作为 Excel 的最新版本，Excel 2021 具有强大的数据分析管理能力，在市场营销中有着广泛的应用。本章根据其在市场营销中的实际应用状况，详细介绍了市场营销项目计划表、产品销售分析与预测表，以及进销存管理表的制作及美化。

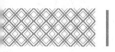

Excel 2021
办公应用从入门到精通

第 1 篇

快速入门篇

第 1 章 快速上手——Excel 2021 的安装与配置

第 2 章 Excel 2021 的基本操作

第 3 章 数据的输入与编辑技巧

第 4 章 工作表的美化设计及数据的查看

本篇主要介绍了 Excel 中的各种操作，通过对本篇内容的学习，读者可以了解 Excel 2021 的安装与配置、Excel 2021 的基本操作、工作表的编辑与数据输入技巧，以及工作表美化设计和数据的查看等操作。

第 1 章

快速上手——Excel 2021 的安装与配置

👤 本章导读

Excel 2021 是微软公司推出的 Office 2021 办公软件的一个重要组成部分，主要用于处理电子表格，可以高效地完成各种表格和图表的设计，进行复杂的数据计算和分析。本章将介绍 Excel 2021 的安装与卸载、启动与退出，以及 Excel 2021 的工作界面介绍与修改等内容。

1.1 Excel 2021 的安装与卸载

在使用 Excel 2021 前，首先需要在计算机上安装该组件；如果不需要再使用 Excel 2021，可以从计算机中卸载该组件。下面介绍 Excel 2021 的安装与卸载的方法。

1.1.1 安装

Excel 2021 是 Office 2021 的组件之一。若要安装 Excel 2021，首先要安装 Office 2021。具体的操作步骤如下。

第1步 打开 Office 2021 在线安装包，计算机桌面弹出如下图所示的界面。

> **提示**
>
> Office 2021 仅支持 Windows 10、Windows11 和 Mac OS 操作系统，不支持 Windows 7、Windows 8.1 等操作系统。

第2步 准备就绪后，弹出如右上图所示的安装界面，并显示 Office 的安装进度。

第3步 安装完成后，显示一切就绪，单击【关闭】按钮，即可完成安装，如下图所示。

1.1.2 卸载

由于 Excel 2021 是 Office 2021 的组件之一，当不需要使用 Excel 2021 时，可以直接卸载 Office 2021 应用程序，具体操作步骤如下。

第1步 按【Windows+I】组合键，打开【设置】面板，单击【应用】图标，在【应用和功能】列表中，选择 Office 2021 应用程序，单击【：】按钮，在弹出的选项中，选择【卸载】，如下图所示。

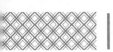

第2步 在弹出的提示框中，单击【卸载】按钮，如下图所示。

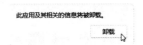

第3步 弹出【准备卸载】窗口，单击【卸载】按钮，如下图所示。

第4步 系统开始自动卸载 Office 2021，并显示卸载的进度，如下图所示。

第5步 卸载完成后，弹出【卸载完成！】对话框，如下图所示。建议用户此时重启计算机，以便整理一些剩余文件。

1.2 Excel 2021 的启动与退出

在系统中安装好 Excel 2021 后，要想使用它编辑与管理表格数据，还需要启动 Excel，下面介绍 Excel 2021 的启动与退出方法。

1.2.1 启动

用户可以通过以下 3 种方法启动 Excel 2021。

方法 1：通过【开始】菜单启动。

单击桌面任务栏中的【开始】按钮，在所有程序列表中选择【Excel】选项，即可启动 Excel 2021，如右图所示。

方法 2：通过桌面快捷方式图标启动。

双击桌面上的 Excel 2021 快捷方式图标，即可启动 Excel 2021，如下图所示。

方法 3：通过打开已存在的 Excel 文档启动。

在计算机中找到一个已存在的 Excel 文档（扩展名为 ".xlsx"），双击该文档，即可启动 Excel 2021。

1.2.2 退出

与退出其他应用程序类似，通常有以下 5 种方法退出 Excel 2021。

方法 1：通过文件操作界面退出。

在 Excel 工作窗口中，选择【文件】选项卡，进入文件操作界面，选择左侧列表中的【关闭】选项，即可退出 Excel 2021，如下图所示。

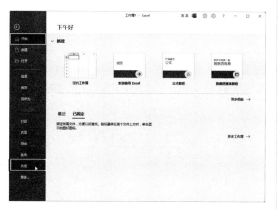

方法 2：通过【关闭】按钮退出。

该方法最为简单直接，在 Excel 工作窗口中，单击右上角的【关闭】按钮，即可退出 Excel 2021，如下图所示。

方法 3：通过控制菜单图标退出。

在 Excel 工作窗口中，右击标题栏，在弹出的快捷菜单中选择【关闭】选项，即可退出 Excel 2021，如下图所示。

方法 4：通过任务栏退出。

在桌面任务栏中，选中 Excel 2021 图标并右击，选择【关闭所有窗口】选项，即可关闭打开的 Excel 工作簿，并退出 Excel 2021，如下图所示。

方法 5：通过组合键退出。

在桌面任务栏中选中 Excel 2021 图标，按【Alt+F4】组合键，即可退出 Excel 2021。

1.2.3 其他特殊的启动方式

如果用户使用的 Excel 2021 存在某种问题无法正常启动,可以通过安全模式强制启动 Excel 2021,具体操作步骤如下。

第1步 按住【Ctrl】键,然后双击桌面上的 Excel 2021 快捷方式图标,在弹出的提示框中单击【是】按钮,如下图所示。

第2步 即可启动 Excel 2021,并进入安全模式,如下图所示。

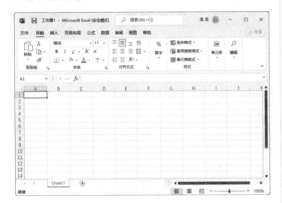

Excel 在启动时会同时打开相应的加载项文件,如果 Excel 启动时加载项过多,就会大大影响 Excel 的启动速度。通过禁止不需要的加载项,可以快速启动 Excel 2021,具体操作步骤如下。

第1步 选择【文件】选项卡,在弹出的界面左侧列表中选择【选项】选项,如下图所示。

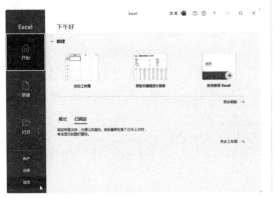

第2步 弹出【Excel 选项】对话框,在左侧列表中选择【加载项】选项,在右侧单击【转到】按钮,如下图所示。

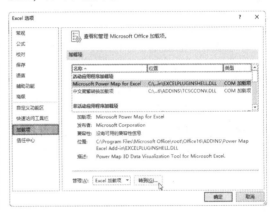

第3步 打开【加载项】对话框,取消选中不需要加载的宏,单击【确定】按钮,如下图所示。

1.3 熟悉 Excel 2021 的工作界面

启动 Excel 2021 后将打开 Excel 2021 的工作界面，如下图所示。Excel 2021 的工作界面主要由工作区、文件操作界面、标题栏、功能区、编辑栏、快速访问工具栏和状态栏 7 个部分组成。

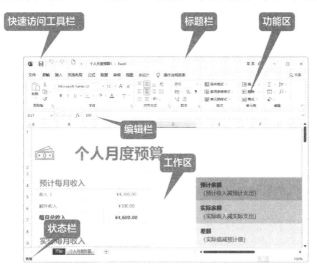

1.3.1 认识 Excel 的工作界面

了解 Excel 工作界面的基本结构后，下面详细介绍各个组成部分的用途和功能。

1. 工作区

如下图所示，工作区是 Excel 2021 操作界面中用于输入和编辑数据的区域，由单元格组成。

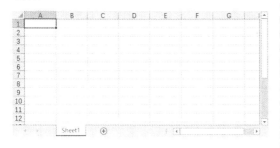

2. 文件操作界面

选择【文件】选项卡，会显示一些基本命令，包括【开始】【新建】【打开】【信息】【保存】【另存为】【历史记录】【打印】【共享】【导出】【发布】【关闭】【账户】【反馈】及【选项】，如下图所示。

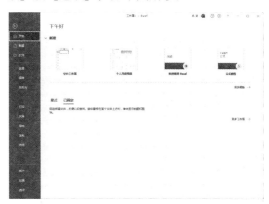

3. 标题栏

默认状态下，标题栏左侧显示【快速访问工具栏】，中间显示当前编辑的文件名称，右侧显示 Microsoft 账户按钮和窗口控制按钮。启动 Excel 2021 时，默认的文件名为"工作簿 1"，如下图所示。

4. 功能区

Excel 2021 的功能区由各种选项卡和包含在选项卡中的各种命令按钮组成，如下图所示。利用它可以轻松地查找以前隐藏在复杂菜单和工具栏中的命令和功能。

每个选项卡中包括多个组。例如，【公式】选项卡包括【函数库】【定义的名称】【公式审核】和【计算】组，每个组又包含若干个相关的命令按钮，如下图所示。

某些组的右下角有 ⬏ 按钮，单击此按钮，可以打开相关的对话框。例如，单击【剪贴板】组右下角的按钮，即可打开【剪贴板】窗格，如下图所示。

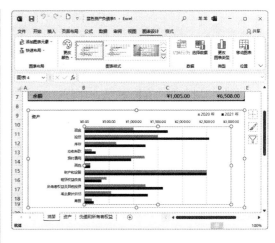

某些选项卡处于隐藏状态，只在需要使用时才显示出来。例如，选中图表时，选项卡中添加了【图表设计】和【格式】选项卡，如右图所示。这些选项卡为操作图表提供了更多合适的命令，没有选定这些对象时，与之相关的选项卡则会被隐藏。

> **提示**
>
> Excel 2021 启动后默认选择【开始】选项卡，使用时，可以通过单击【开始】来选择其他需要的选项卡。

5. 编辑栏

编辑栏位于功能区的下方、工作区的上方，用于显示和编辑当前活动单元格的名称、数据

或公式，如下图所示。

名称框用于显示当前单元格的地址和名称。当选中单元格或区域时，名称框中将出现相应的地址名称。使用名称框可以快速跳转到目标单元格，如在名称框中输入"C6"，按【Enter】键即可将活动单元格定位至 C 列第 6 行，如下图所示。

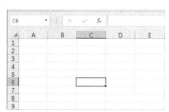

公式框主要用于在活动单元格中输入、修改数据或公式，当向单元格中输入数据或公式时，在名称框和公式框之间会出现【取消】和【输入】两个按钮，如下图所示。单击【取消】按钮 ✕，则可取消对该单元格的编辑；单击【输入】按钮 ✓，可以确定输入或确定修改该单元格的内容，同时退出编辑状态。

6. 快速访问工具栏

快速访问工具栏位于标题栏的左侧，默认的快速访问工具栏包含【撤销】【恢复】和【新建】等命令按钮，如下图所示。

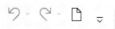

单击快速访问工具栏右边的【自定义快速访问工具栏】按钮 ⁻，在弹出的下拉菜单中，可以自定义快速访问工具栏中的命令按钮，如右上图所示。

7. 状态栏

状态栏用于显示当前数据的编辑状态、选定数据统计区、调整页面显示方式、调整页面显示比例等。

Excel 2021 的状态栏中显示的 3 种状态如下。

（1）未对单元格进行任何操作时，状态栏会显示"就绪"字样，如下图所示。

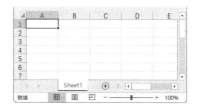

（2）在单元格中输入数据时，状态栏会显示"输入"字样，如下图所示。

（3）对单元格中的数据进行编辑时，状态栏会显示"编辑"字样，如下图所示。

1.3.2 自定义状态栏

在状态栏上右击，可以在弹出的快捷菜单中，通过选中或取消选中相关选项，达到在状态栏上显示或隐藏信息的目的，如下图所示。

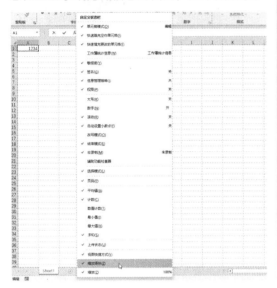

例如，这里取消选中【缩放滑块】选项，可以看到 Excel 2021 工作界面右下角显示比例的滑块已经消失，如下图所示。

1.3.3 新功能：全新的图标设计

Office 2021 的操作界面相较之前的版本做出了极大的改进，下图为 Excel 2019 图标界面。

Excel 2021 的图标在保留了 Excel 2019 图标外形的基础上，调整了图标形状，使其色彩更加柔和，图标边缘更加圆润，增大了快速访问工具栏中的图标，功能区选项卡的颜色与选项组的颜色相同。选中选项卡后，底部增加下划线，选项卡的切换看起来更流畅、更自然。

1.4 随时随地办公的秘诀——Microsoft 账户

Office 2021 具有账户登录功能，在使用该功能前，用户需要注册一个 Microsoft 账户，然后登录该账户。登录后，用户不仅能随时随地处理工作，还能联机保存 Office 文件。

注册 Microsoft 账户的具体操作步骤如下。

第1步 打开 Excel 2021，在【开始】选项卡中单击【账户】选项，单击右侧界面中【账户】区域的【登录】按钮，如下图所示。

第2步 弹出【登录】对话框，如果已有 Microsoft 账户，则输入账号后单击【下一步】按钮；如果没有账户，则单击【创建一个！】超链接，如下图所示。

第3步 进入【创建账户】页面，用户可以使用手机号码或电子邮件账号作为账号，并单击【下一步】按钮，如下图所示。

第4步 进入【创建密码】界面后，输入密码，并单击【下一步】按钮，如下图所示。

第5步 此时，系统会向邮箱或手机号码发送验证码，用户输入验证码，单击【下一步】按钮，即可完成账号创建，如下图所示。

第6步 成功创建账户后，会自动登录 Excel 2021，如下图所示。

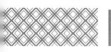
| 提示 |

如果要管理账户，如添加头像、更改名称等，可单击标题栏中的账户按钮，在弹出的账户名片中单击【我的 Microsoft 账户】超链接，如下图所示。此时，即可打开 Microsoft 账户网页页面，用户登录账户，根据情况进行设置即可。

第7步 用户登录账户以后，即可实现移动办公。在【文件】选项卡中，选择【另存为】选项，在右侧选择【OneDrive - 个人】选项，如下图所示。

第8步 打开【另存为】对话框，输入文件名后，单击【保存】按钮，可将文件保存在云端，如下图所示。

第9步 当用户需要打开保存在云端的工作簿时，首先要登录账户，然后选择【文件】选项卡，在弹出的界面左侧列表中选择【打开】选项并在右侧选择【OneDrive - 个人】选项，在打开的【OneDrive - 个人】窗格中即可看到保存的工作簿，如下图所示。在工作簿上双击即可打开该工作簿，实现移动办公。

1.5 提高办公效率——修改默认设置

在 Excel 2021 中，用户可以根据实际的工作需求修改界面的设置，从而提高办公效率。

1.5.1 自定义功能区

通过自定义 Excel 2021 的操作界面，用户可以将最常用的功能放在最显眼的地方，以便更加便捷地使用 Excel 2021 的这些功能。

自定义功能区的具体操作步骤如下。

第1步 在功能区的空白处右击，在弹出的快捷菜单中选择【自定义功能区】选项，如下图所示。

第2步 打开【Excel 选项】对话框中的【自定义功能区】设置界面，在其中可以实现功能区的自定义，如下图所示。

1. 新建 / 删除选项卡

第1步 打开【自定义功能区】设置界面，单击其右侧列表下方的【新建选项卡】按钮，系统会自动创建一个选项卡和一个组，如下图所示。

第2步 单击【确定】按钮，功能区中即可出现新建的选项卡，如右上图所示。

第3步 在【自定义功能区】的【主选项卡】列表中选择新添加的选项卡，单击【删除】按钮，即可从功能区中删除该选项卡，最后单击【确定】按钮，如下图所示。

第4步 返回 Excel 2021 工作界面，可以看到新添加的选项卡已经消失，如下图所示。

2. 管理组

第1步 打开【自定义功能区】设置界面，在其右侧列表中选择任一选项卡，单击下方的【新建组】按钮，系统则会在此选项卡中创建组，如下图所示。

第2步 返回【自定义功能区】设置界面，单击【重命名】按钮，弹出【重命名】对话框，可以选择组图标和显示名称，并单击【确定】按钮，如下图所示。

第3步 返回【自定义功能区】设置界面，单击右侧列表中要添加命令的组，选择左侧列表中要添加的命令，然后单击【添加】按钮，即可将此命令添加到指定组中，如下图所示。

第4步 单击【确定】按钮，即可将这些命令添加到功能区中，如下图所示。

第5步 在右侧列表中选择要删除的命令，单击【删除】按钮，即可从该组中删除此命令，如右上图所示。

3. 调整选项卡、组、命令的次序

第1步 打开【自定义功能区】设置界面，在其右侧【主选项卡】列表中，选中需要调整次序的选项卡、组或命令，然后单击上移按钮或下移按钮，即可调整选项卡、组、命令的次序，如下图所示。

第2步 如果想要重置功能区，则可以在【Excel选项】对话框中的【自定义功能区】设置界面单击【重置】按钮，在弹出的下拉菜单中选择【重置所有自定义项】，如下图所示。

第3步 弹出如右图所示的警告对话框，单击【是】按钮，即可重置功能区。

1.5.2 添加命令到快速访问工具栏

快速访问工具栏的功能就是让用户快速使用某项命令。默认的快速访问工具栏中仅列出了保存、撤销、恢复3项功能，用户可以自定义快速访问工具栏，将最常用的命令添加到上面。

1. 自定义显示位置

单击快速访问工具栏右侧的【自定义快速访问工具栏】按钮，在弹出的下拉菜单中选择【在功能区下方显示】选项，如下图所示。

快速访问工具栏即可显示在功能区的下方，如下图所示。

2. 添加功能

方法 1：单击快速访问工具栏右侧的下拉按钮，在弹出的下拉菜单中选择相应的选项（如选择【打开】选项），即可将其添加到快速访问工具栏中，如右上图所示。

添加后，快速访问工具栏中会出现【打开】按钮标记，如下图所示。

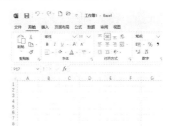

方法 2：打开【Excel 选项】对话框，在【自定义快速访问工具栏】设置界面中单击【添加】按钮，将左侧列表中的命令添加到右侧列表中，即可将其添加到快速访问工具栏中，如下图所示。

3. 移除功能

方法 1：单击快速访问工具栏右侧的下拉按钮，在弹出的下拉菜单中选择要移除的命令，

如【打开】命令（前提是该命令已被添加到快速访问工具栏中），即可将其从快速访问工具栏中移除，如下图所示。

方法 2：在【Excel 选项】对话框的【自定义快速访问工具栏】设置界面中，选中要删除的选项，单击【删除】按钮，将右侧列表中的命令移动到左侧列表中，即可将其从快速访问工具栏中移除，如下图所示。

1.5.3 禁用屏幕提示功能

屏幕提示是指将鼠标指针移动到命令或选项上，即可显示包含描述性文字的提示框。一般情况下，提示框会显示当前选项或命令的功能说明。"表格"按钮的屏幕提示如下图所示。

如果用户不需要屏幕提示，可以将该功能禁用。在【Excel 选项】对话框中，在左侧列表中选择【常规】选项，在右侧设置界面中单击【屏幕提示样式】右侧的下拉按钮，在弹出的下拉菜单中选择【不显示屏幕提示】选项，然后单击【确定】按钮即可，如下图所示。

1.5.4 禁用粘贴选项按钮

为了提高工作簿的安全性，用户可以禁用粘贴选项按钮。如右图所示，在【Excel 选项】对话框中，在左侧列表中选择【高级】选项，在右侧设置界面中取消选中【粘贴内容时显示粘贴选项按钮】复选框，然后单击【确定】按钮即可。

1.5.5 更改文件的作者信息

默认情况下，系统的管理员为该工作簿的作者。例如，新建一个工作簿，选择【文件】选项卡，在弹出的界面左侧列表中选择【信息】选项，即可在界面右侧看到该工作簿的作者名称，如下图所示。

用户可以修改工作簿作者的信息，具体操作步骤如下。

第1步 在【信息】区域右侧，单击【作者】的头像，在弹出的选项中，用户可以删除人员、编辑属性及打开联系人卡片，如下图所示，这里单击【编辑属性】选项。

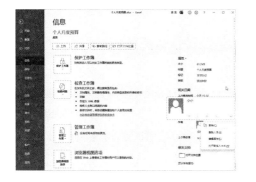

第2步 弹出【编辑人员】对话框，用户可以输入姓名或电子邮件地址，然后单击【确定】按钮，如下图所示。

第3步 即可看到修改后的作者信息，如下图所示。

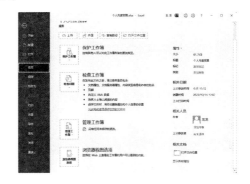

第4步 单击【显示所有属性】选项，可以显示工作簿的所有属性，用户可根据需求，对属性进行添加或修改，如下图所示。

1. 新功能：智能切换 Office 主题

Office 2021 提供了"彩色""深灰色""黑色"和"白色"4 种默认的 Office 主题色，此外，

Office 2021 还提供了"使用系统设置"主题模式，使其与 Windows 系统主题相匹配，让软件智能切换主题。智能切换 Office 主题设置方法如下。

第1步 依次单击【文件】→【账户】选项，在【Office 主题】下拉列表中选择【使用系统设置】选项，如右图所示。

第2步 在 Windows 桌面单击鼠标右键，选择【个性化】选项，打开【设置】窗口。

第3步 将 Widows 主题设置为"黑色"，如下图所示。

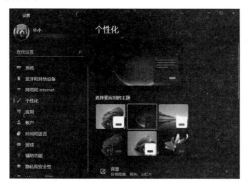

第4步 可以看到，此时 Office 的主题会随之变化，Excel 2021 的界面变化如右图所示。

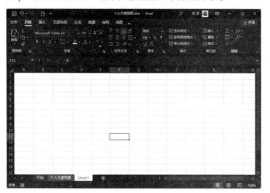

2. 在任务栏中启动 Excel 2021

如果经常使用 Excel 2021，用户除了可以将快捷方式图标放在桌面上以外，还可以将其固定到任务栏中，方便快速启动 Excel 2021。具体操作步骤如下。

第1步 单击【开始】按钮▦，打开所有应用列表，右击【Excel】选项，在弹出的快捷菜单中依次单击【更多】→【固定到任务栏】选项，如下图所示。

第2步 即可看到 Excel 图标被固定在任务栏，单击该图标，即可启动程序，如下图所示。

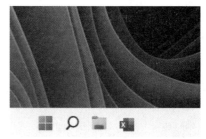

第 2 章

Excel 2021 的基本操作

本章导读

本章主要学习 Excel 工作簿和工作表的基本操作。对于初学 Excel 的人员来说，可能会将工作簿和工作表混淆，而这二者的操作是学习 Excel 时首先应该了解的。

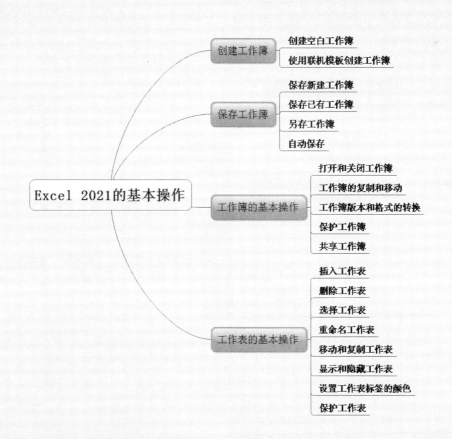

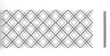

2.1 创建工作簿

工作簿是指 Excel 中用来存储并处理工作数据的文件，其扩展名为".xlsx"。通常所说的 Excel 文件指的是工作簿文件，新建工作簿的方法有以下几种。

2.1.1 创建空白工作簿

创建空白工作簿的具体操作步骤如下。

第1步 启动 Excel 2021 后，在打开的界面中的【新建】选项下选择【空白工作簿】选项，如下图所示。

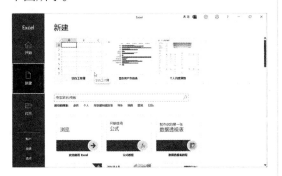

第2步 系统会自动创建一个名称为"工作簿1"的工作簿，如右图所示。

> **提示**
>
> 在上面的窗口中按【Ctrl+N】组合键，即可快速创建一个名称为"工作簿2"的空白工作簿。

2.1.2 使用联机模板创建工作簿

Excel 2021 提供了很多在线模板，通过这些模板，读者可以快速创建有内容的工作簿。例如，用户想制作一个月度个人预算工作簿，通过 Excel 联机模板即可轻松实现，具体操作步骤如下。

第1步 选择【文件】选项卡，在弹出的界面左侧列表中选择【新建】选项，然后在右侧的搜索框中输入"月度个人预算"，单击【开始搜索】按钮 🔎，如右图所示。

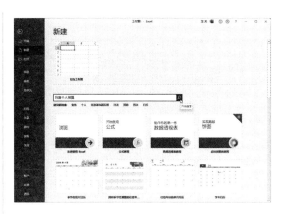

第2步 即可显示搜索结果，在搜索结果中单击要使用的模板，如下图所示

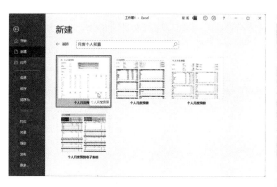

第3步 弹出如下图所示的对话框，单击【创建】按钮。

第4步 系统会自动打开该模板，此时用户只需在表格中输入相应的数据即可，如下图所示。

2.2 保存工作簿

保存工作簿的方法有很多，常见的有保存新建的工作簿、保存已经存在的工作簿、另存为工作簿及自动保存工作簿等。下面分别介绍这几种保存方法。

2.2.1 保存新建工作簿

工作簿创建完毕，就要将其保存以备今后查看和使用。在初次保存工作簿时需要指定工作簿的保存路径和保存名称，具体操作步骤如下。

第1步 在新创建的 Excel 工作界面中，选择【文件】选项卡，在弹出的界面左侧列表中选择【保存】选项（或者按【Ctrl+S】组合键保存，也可以单击【快速访问工具栏】的【保存】按钮），如右图所示。

第2步 在右侧界面中弹出【另存为】显示信息，

单击【浏览】按钮，如下图所示。

第3步 打开【另存为】对话框，设置工作簿的保存位置，然后在【文件名】文本框中输入工作簿的名称，在【保存类型】下拉列表中选择要存为的文件类型。设置完毕后，单击【保存】按钮即可，如下图所示。

2.2.2　保存已有工作簿

对于已有的工作簿，打开并修改完毕后，只需单击标题栏中的【保存】按钮 🖫 或按【Ctrl+S】组合键，即可保存已经修改的内容，如右图所示。

2.2.3　重点：另存工作簿

第4步 此时，可以看到标题栏中的文件名已经修改，如下图所示。

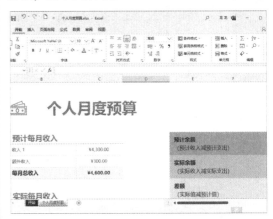

如果想将修改后的工作簿另外保存一份，而保持原工作簿的内容不变，可以对工作簿进行"另存为"操作，具体操作步骤如下。

第1步 选择【文件】选项卡，在弹出的界面左侧列表中选择【另存为】选项，在界面右侧单击【浏览】选项，如下图所示。

簿另存后的名称、存储路径及保存类型，然后单击【保存】按钮即可，如下图所示。

第2步 在弹出的【另存为】对话框中设置工作

2.2.4 自动保存

为了防止停电或计算机死机等意外情况造成工作簿中的数据丢失，用户可以使用工作簿的自动保存功能，具体操作步骤如下。

第1步 选择【文件】选项卡，在弹出的界面左侧列表中选择【选项】选项，如下图所示。

第2步 打开【Excel 选项】对话框，在左侧列表中选择【保存】选项，在右侧设置界面中选中【保存自动恢复信息时间间隔】复选框，然后设定自动保存的时间和保存的位置，单击【确定】按钮即可，如下图所示。

2.3 工作簿的基本操作

Excel 2021 对工作簿的操作主要有新建、保存、打开、切换及关闭等。

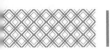

2.3.1 打开和关闭工作簿

当需要使用 Excel 文件时，用户需要打开工作簿；而当不需要使用 Excel 文件时，用户则需要关闭工作簿。下面介绍打开和关闭工作簿的具体操作步骤。

1. 打开工作簿

打开工作簿的方式有以下 3 种。

方法 1：在已有的 Excel 文件上双击，即可打开 Excel 2021 工作簿，如下图所示。

个人月度预算.
xlsx

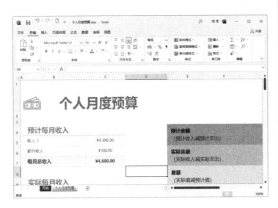

方法 2：依次单击【文件】→【打开】选项，如下图所示。

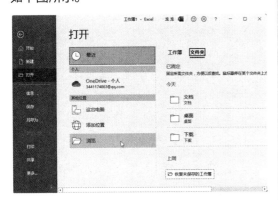

打开【打开】对话框，选择文件所在的位置，双击文件所在的文件夹，选择要打开的文件，然后单击【打开】按钮即可，如下图所示。

方法 3：用户可以通过最近打开的工作簿列表，打开最近使用过的工作簿。在【文件】选项中【打开】选项右侧【最近】区域，单击要打开的工作簿即可，如下图所示。

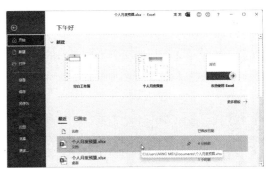

2. 关闭工作簿

可以使用以下两种方式关闭工作簿。

方法 1：单击窗口右上角的【关闭】按钮 ✕，如下图所示。

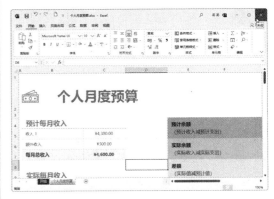

方法 2：依次单击【文件】→【关闭】选项，即可关闭当前文件，如下图所示。

|提示|

在关闭工作簿之前，如果所编辑的表格没有保存，系统会弹出保存提示对话框，如下图所示。

单击【保存】按钮，保存对表格所做的修改，并关闭工作簿；单击【不保存】按钮，则不保存对表格的修改，并关闭工作簿；单击【取消】按钮，则不关闭工作簿，返回其工作界面继续编辑表格。

2.3.2 工作簿的复制和移动

复制是指将工作簿在原来的位置上保留，再在指定的位置上建立原文件的副本；移动是指将工作簿从原来的位置移动到指定位置。

1. 工作簿的复制

第1步 选择要复制的工作簿文件。如果要复制多个工作簿，则可在按住【Ctrl】键的同时单击要复制的工作簿，也可以按住鼠标左键不放，依次选中连续的多个工作簿，如下图所示。

第2步 按【Ctrl+C】组合键，复制选择的工作簿文件，将选择的工作簿文件复制到剪贴板中。打开要复制到的目标文件夹，按【Ctrl+V】组合键粘贴文件，将剪贴板中的工作簿复制到当前的文件夹中，如右图所示。

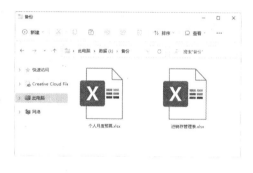

|提示|

另外，用户可以使用以下三种方法复制工作簿。

（1）右键菜单复制。选择要复制的文件或文件夹，右击，在弹出的快捷菜单中单击【复制】按钮，然后在目标文件夹中右击，在弹出的快捷菜单中单击【粘贴】按钮，即可完成复制。

（2）通过窗口功能区中的复制和粘贴命令进行复制操作。

（3）拖曳复制。选择要复制的工作簿，如果目标位置是不同磁盘，直接拖曳工作簿即可复制；如果是同一磁盘，按【Ctrl】键的同时，使用鼠标将工作簿拖曳至目标文件夹即可完成复制。

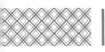

2. 工作簿的移动

第1步 选择要移动的工作簿文件，如果要移动多个工作簿，则可在按住【Ctrl】键的同时选中要移动的工作簿文件。按【Ctrl+X】组合键剪切选择的工作簿文件，将选择的工作簿移动到剪贴板中，如下图所示。

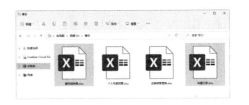

第2步 打开要移动到的目标文件夹，按【Ctrl+V】组合键粘贴文件，将剪贴板中的工作簿移动到当前文件夹中，如右图所示。

| 提示 |

另外，用户可以使用以下三种方法移动工作簿。

（1）右键菜单移动。选择要移动的文件或文件夹，右击，在弹出的快捷菜单中，单击【移动】按钮，然后在目标文件夹中右击，在弹出的快捷菜单中，单击【粘贴】按钮，即可完成移动。

（2）通过窗口功能区中的移动和粘贴命令进行复制操作，也可移动文件。

（3）先选中要移动的工作簿，按住鼠标左键，然后把它拖到目标文件夹图标上，并使其反蓝显示，再释放左键，选中的文件或文件夹就移动到指定的文件夹中。

2.3.3 工作簿版本和格式的转换

使用 Excel 2021 创建的工作簿格式为"xlsx"，只有 Excel 2007 及以上的版本才能打开，如果想用 Excel 2003 打开该工作簿，就需要将工作簿的格式转换为"xls"。另外，用户还可以根据需求，将工作簿转换成其他格式，如 PDF、网页、模板等格式。版本和格式转换的具体操作步骤如下。

第1步 选中需要转换的文件，选择【文件】选项卡，在弹出的界面左侧列表中选择【另存为】选项，单击右侧界面中的【浏览】选项，如下图所示。

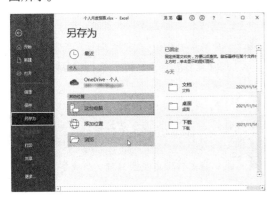

第2步 打开【另存为】对话框，在【保存类型】下拉列表中选择【Excel 97-2003 工作簿(*.xls)】选项，如下图所示。

第3步 设置完毕后，单击【保存】按钮，即可将该文件保存为 Excel 2003 格式文件，可以看

到该工作簿的扩展名为 ".xls"，其图标也与 ".xlsx" 格式的图标有所区别，如下图所示。

| 提示 |

在格式转换时，如果工作簿中的部分功能早期版本不支持，则会弹出【Microsoft Excel-兼容性检查器】对话框，如下图所示，此时要确定转换后工作簿中的数据是否会受影响。

2.3.4 重点：保护工作簿

对于特殊的工作簿，用户有时需要进行保护操作，具体操作步骤如下。

第1步 选择【文件】选项卡，在弹出的界面左侧列表中选择【信息】选项，在右侧界面中单击【保护工作簿】按钮，在弹出的下拉菜单中选择【用密码进行加密】选项，如下图所示。

第2步 打开【加密文档】对话框，在【密码】文本框中输入密码，单击【确定】按钮，如下图所示。

第3步 弹出【确认密码】对话框，再次输入密码，单击【确定】按钮，如下图所示。

第4步 当再次打开该工作簿时，会弹出【密码】对话框，输入设置的密码，单击【确定】按钮即可查看该工作簿，如下图所示。

第5步 另外，读者还可以在打开的工作簿中，单击【审阅】选项卡中的【保护工作簿】按钮，如下图所示。

第6步 打开【保护结构和窗口】对话框，默认情况下，【结构】复选框是被选中的，用户可以根据实际的工作需要进行选择。如果不需要保护结构，可以取消选中对应的复选框，然后输入保护工作簿的密码，单击【确定】按钮，如下图所示。

第7步 弹出【确认密码】对话框，再次输入设置的密码，单击【确定】按钮，如下图所示，即可保护工作簿。

第8步 如果要取消保护，在打开的工作簿中，再次单击【审阅】选项卡【更改】组中的【保护工作簿】按钮，弹出【撤销工作簿保护】对话框，输入当前设置的密码，单击【确定】按钮，即可取消工作簿保护，如下图所示。

2.3.5 重点：共享工作簿

在 Excel 2021 中，用户可以将工作簿进行共享操作，这样其他人就可以通过网络查看共享的工作簿，具体操作步骤如下。

第1步 在打开的工作簿中，单击右上角的【共享】按钮，如下图所示。

第2步 在窗口右侧弹出的【共享】窗格中，单击【保存到云】按钮，将工作簿保存到 OneDrive 中，如下图所示。

第3步 在【共享】对话框的【邀请人员】文本框中添加要共享文件的人员的账号，并设置共享权限，如选择【可编辑】选项，如下图所示。

第 5 步 另外，用户也可以单击【获取共享链接】超链接，生成链接后，单击【复制】按钮，将链接发送给其他人，其他人单击此链接后也可以实现共享，如下图所示。

第 4 步 单击【共享】按钮，即可向被邀请人发送链接，并在窗格下方显示参与者的信息及权限，如下图所示。

2.4 工作表的基本操作

工作表是工作簿的组成部分，默认情况下，每个工作簿包含 1 个工作表，名称为 "Sheet1"。用户可以对工作表进行插入、删除、重命名、显示、隐藏等操作。

2.4.1 插入工作表

插入工作表也称为添加工作表，在工作簿中插入一个新工作表的具体操作步骤如下。

第 1 步 打开需要插入工作表的工作簿，在窗口中右击工作表 Sheet1 的标签，在弹出的快捷菜单中选择【插入】选项，如下图所示。

第 2 步 打开【插入】对话框，选择【常用】选项卡，选择【工作表】选项，单击【确定】按钮，如下图所示。

第3步 即可插入一个名称为"Sheet2"的工作表。

用户也可以单击工作表Sheet1右侧的【新工作表】按钮 ⊕，插入新的工作表 Sheet3，如下图所示。

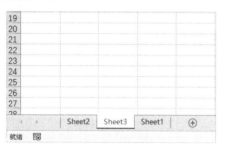

另外，用户还可以单击【开始】选项卡【单元格】组中的【插入】下拉按钮，在弹出的菜单中，单击【插入工作表】选项，即可插入新工作表，如下图所示。

2.4.2 删除工作表

为了便于管理 Excel 工作表，应将无用的工作表删除，以节省存储空间。删除工作表的方法有以下两种。

方法1：选择要删除的工作表，然后在【开始】选项卡【单元格】组中单击【删除】下拉按钮，在弹出的下拉菜单中选择【删除工作表】选项，即可将选择的工作表删除，如下图所示。

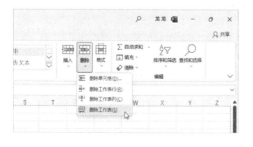

方法2：在要删除的工作表标签上右击，在弹出的快捷菜单中选择【删除】选项，也可以将该工作表删除，如下图所示。该删除操作不能撤销，即工作表被永久删除。

2.4.3 选择工作表

在对工作表进行操作之前，需要先选中它。本小节将介绍各种选择工作表的方法。

1. 用鼠标选择 Excel 工作表

用鼠标选择 Excel 工作表是最常用、最快速的方法，只需在工作表标签上单击即可。例如，在 Sheet3 工作表标签上单击，即可选择 Sheet3 工作表，如下图所示。

2. 选择连续的 Excel 工作表

第1步 在 Excel 窗口下方的工作表 "Sheet1" 上单击，选中该工作表，如下图所示。

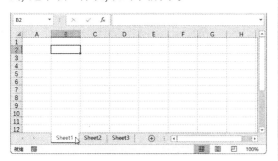

第2步 按住【Shift】键的同时选中最后一个工作表的标签，即可选中多个连续的 Excel 工作

表。此时，标题栏中将显示 "组" 字样，如下图所示。

3. 选择不连续的工作表

若要选择不连续的 Excel 工作表，则按住【Ctrl】键的同时选择相应的 Excel 工作表即可，如下图所示选择 Sheet1 和 Sheet3 工作表。

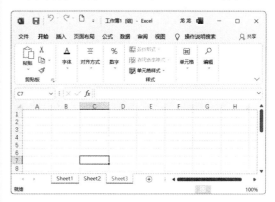

2.4.4 重命名工作表

每个工作表都有自己的名称，默认情况下以 Sheet1、Sheet2、Sheet3 命名工作表。但是，这种命名方式不便于管理工作表，用户可以对工作表进行重命名操作，以便更好地管理工作表。

重命名工作表的常用方法有两种，即直接在标签上重命名和使用快捷菜单重命名。

1. 在标签上直接重命名

第1步 双击要重命名工作表的标签，标签会进入可编辑状态，如右图所示。

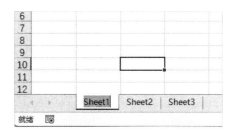

第2步 输入新的标签名，按【Enter】键即可完成对该工作表的重命名，如下图所示。

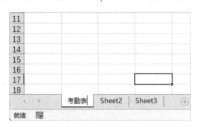

2. 使用快捷菜单重命名

第1步 右击要重命名的工作表标签，在弹出的快捷菜单中选择【重命名】选项，如下图所示。

第2步 此时工作表标签以灰度底纹显示，输入新的标签名，按【Enter】键即可完成工作表的重命名操作，如下图所示。

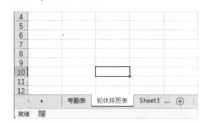

2.4.5 重点：移动和复制工作表

在工作簿中可以对工作表进行复制和移动操作。

1. 移动工作表

移动工作表最简单的方法是使用鼠标操作，在同一个工作簿中移动工作表有以下两种方法。

方法1：直接拖曳法。

第1步 单击要移动的工作表的标签，按住鼠标左键不放，拖曳鼠标，将鼠标指针移动到工作表的新位置，黑色倒三角图标会随鼠标指针的移动而移动，如下图所示。

第2步 释放鼠标左键，工作表即可移动到新的位置，如下图所示。

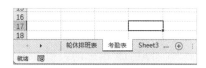

方法2：使用快捷菜单移动。

第1步 在要移动的工作表标签上右击，在弹出的快捷菜单中选择【移动或复制】选项，如下图所示。

第 2 步 在弹出的【移动或复制工作表】对话框中选择要插入工作表的位置，单击【确定】按钮，如下图所示。

第 3 步 即可将当前工作表移动到指定位置，如下图所示。

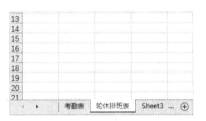

另外，工作表不但可以在同一个 Excel 工作簿中移动，还可以在不同的工作簿中移动。若要在不同的工作簿中移动工作表，则要求这些工作簿必须是打开的，具体操作步骤如下。

第 1 步 在要移动的工作表标签上右击，在弹出的快捷菜单中选择【移动或复制】选项，如下图所示。

第 2 步 打开【移动或复制工作表】对话框，在【工作簿】下拉列表中选择要移动到的目标位置，在【下列选定工作表之前】列表中选择工作表插入的位置，单击【确定】按钮，即可将当前工作表移动到指定位置，如右上图所示。

2. 复制工作表

用户可以在一个或多个 Excel 工作簿中复制工作表，操作方法有以下两种。

方法 1：使用鼠标复制。

用鼠标复制工作表的步骤与移动工作表的步骤相似，在拖动鼠标的同时按住【Ctrl】键即可。

第 1 步 选择要复制的工作表，按住【Ctrl】键的同时单击该工作表标签，拖曳鼠标，将鼠标指针移动到工作表的新位置，黑色倒三角图标会随鼠标指针的移动而移动，如下图所示。

第 2 步 释放鼠标左键，即可复制工作表，如下图所示。

方法 2：使用快捷菜单复制。

第 1 步 选择要复制的工作表，在工作表标签上右击，在弹出的快捷菜单中选择【移动或复制】选项，如下图所示。

第2步 在弹出的【移动或复制工作表】对话框中选择要复制的目标工作簿和要插入的位置，然后选中【建立副本】复选框，单击【确定】按钮，如下图所示。

第3步 即可完成复制工作表的操作，如下图所示。

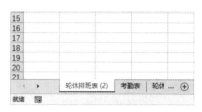

2.4.6 重点：显示和隐藏工作表

为了防止他人查看工作表中的数据，可以使用工作表的隐藏功能，将包含重要数据的工作表隐藏起来。当想要查看被隐藏的工作表时，则可取消工作表的隐藏状态。

隐藏和显示工作表的具体操作步骤如下。

第1步 右击要隐藏的工作表标签，在弹出的快捷菜单中选择【隐藏】选项，如下图所示。

> **| 提示 |**
>
> Excel 不允许隐藏一个工作簿中的所有工作表。

第2步 选中的工作表即可隐藏，如下图所示。

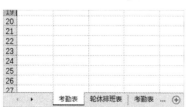

第3步 右击任意一个工作表标签，在弹出的快捷菜单中，单击【取消隐藏】选项，如下图所示。

第4步 在弹出的【取消隐藏】对话框中选择要显示的工作表，单击【确定】按钮，如下图所示。

第5步 即可取消工作表的隐藏状态，如下图所示。

2.4.7 重点：设置工作表标签的颜色

Excel 提供了工作表标签的美化功能，用户可以根据需要对工作表标签的颜色进行设置，以便区分不同的工作表。

设置工作表标签颜色的具体操作步骤如下。

第1步 单击要设置颜色的工作表标签，在【开始】选项卡【单元格】组中依次选择【格式】→【工作表标签颜色】选项，或者右击工作表标签，在弹出的快捷菜单中选择【工作表标签颜色】选项，选择需要的颜色，如下图所示。

第2步 选择完成后，即可应用选中的颜色，如下图所示。

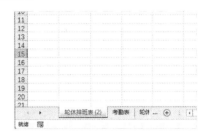

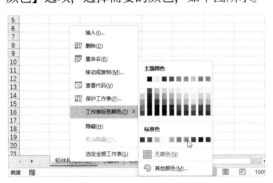

2.4.8 保护工作表

Excel 提供了保护工作表的功能，以防止其被更改、移动或被删除某些重要的数据。保护工作表的具体操作步骤如下。

第1步 右击要保护的工作表标签，在弹出的快捷菜单中选择【保护工作表】选项，如下图所示。

第2步 在弹出的【保护工作表】对话框中，用户可以勾选需要保护的内容，并输入取消工作表保护时使用的密码，并单击【确定】按钮，如右图所示。

第3步 在弹出的【确认密码】对话框中重新输入密码，单击【确定】按钮，即可完成工作表的保护，如下图所示。

1. 恢复未保存的工作簿

用户有时会因为误操作而关闭 Excel 2021，此时工作簿还没有被保存，虽然文档有自动保存功能，但是只能恢复到最近一次自动保存的内容，那么如何解决这个问题呢？下面介绍如何恢复未保存工作簿，具体操作步骤如下。

第1步 单击【文件】选项卡，在弹出的界面左侧列表中选择【选项】选项，如下图所示。

第2步 弹出【Excel 选项】对话框，在左侧列表中选择【保存】选项，在右侧界面中选中【如果我没保存就关闭，请保留上次自动恢复的版本】复选框，设定自动恢复文件的位置，单击【确定】按钮即可，如下图所示。

第3步 单击【文件】选项卡，在弹出的界面左侧列表中选择【打开】选项，在界面右侧单击【恢复未保存的工作簿】按钮，如下图所示。

第4步 打开【打开】对话框，选择需要恢复的工作簿，单击【打开】按钮，即可恢复未保存的工作簿，如下图所示。

2. 删除最近使用过的工作簿记录

Excel 2021 可以记录最近使用过的工作簿，用户也可以将这些记录删除。

第1步 在 Excel 2021 中，单击【文件】选项卡，在弹出的界面左侧列表中选择【打开】选项，在【打开】区域选择【最近】选项，即可看到右侧列表中显示了最近打开的工作簿信息，如下图所示。

第2步 右击要删除的记录，在弹出的快捷菜单中选择【从列表中删除】命令，即可将该记录删除，如下图所示。

如果用户要删除全部记录，可选择【清除已取消固定的项目】命令，即可快速删除。

3. **在工作表之间快速切换的技巧**

当一个工作簿中有多个工作表时，可以利用鼠标右键在多个工作表之间快速切换，具体操作步骤如下。

第1步 在打开的工作簿中右击工作表编辑区域左下角的 ◀ 或 ▶ 按钮，如下图所示。

第2步 在弹出的【激活】对话框中选择需要的工作表，单击【确定】按钮，即可完成工作表的切换，如下图所示。

第 3 章
数据的输入与编辑技巧

本章导读

本章主要学习 Excel 工作表编辑数据的常用技巧和高级技巧。对于初学 Excel 的人来说，在单元格中编辑数据是第一步操作，本章详细介绍了如何在单元格中输入数据及对单元格的基本操作。

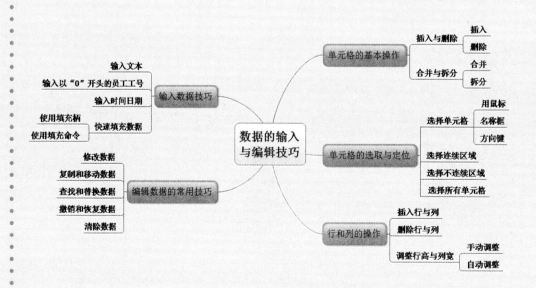

3.1 制作公司员工考勤表

员工考勤表既是公司员工每天上班的凭证，也是员工领工资的凭证，因此公司都会制作员工考勤表来统计员工的出勤率。员工考勤表一般包括员工的基本信息、出勤记录及未出勤原因等内容。

3.1.1 案例概述

制作员工考勤表时，需要注意以下几点。

1. 格式统一

注意标题及内容的字体区分，一般标题字号要大于表格内文字的字号，并且要统一表格内的字体样式（包括字体、字号、字体颜色等）。

2. 美化表格

在员工考勤表制作完成后，还需要对其进行美化操作，使其看起来更加美观。美化表格包括设置边框、调整行高列宽、设置标题、设置对齐方式等内容。

3.1.2 设计思路

制作员工考勤表的思路如下。

（1）输入表格内容，包含标题及各个项目名称。

（2）设置边框、调整列宽。

（3）设置标题格式，包括合并单元格、设置字体格式等。

（4）统一表格内容的对齐方式。

3.1.3 涉及知识点

本章案例主要涉及以下知识点。

（1）选择单元格区域。

（2）合并单元格。

（3）自动填充数据。

（4）调整列宽。

（5）设置边框。

（6）快速在多个单元格中输入相同内容。

3.2 输入数据技巧

在工作表中输入数据是创建工作表的第一步，工作表中可以输入的数据类型有很多，主要包括文本、数值、小数和分数等。由于数据类型不同，采用的输入方法也不尽相同。

3.2.1　输入文本

单元格中的文本包括任何字母、数字和键盘符号的组合，每个单元格最多可包含 32 000 个字符。输入文本的操作很简单，只需选中需要输入文本的单元格，然后输入内容即可。如果单元格的列宽无法完全显示文本或字符串，则可占用相邻的单元格或换行显示，此时单元格的列宽会被加长。如果相邻的单元格中已有数据，无法显示的内容会被隐藏，如下图所示。

如果在单元格中输入的是多行数据，那么在换行处按【Alt + Enter】组合键，即可实现换行。换行后的单元格中将显示多行文本，行的高度也会自动增大，如下图所示。

3.2.2　重点：输入以"0"开头的员工工号

在设置了文本格式的单元格中输入数字时，数字也会以文本格式显示。例如，在单元格中输入"0001"，默认情况下只会显示"1"，若设置了文本格式，则显示为"0001"，设置方法如下。

第1步 启动 Excel 2021，新建一个空白工作簿，输入如下图所示的内容。

第2步 选中单元格区域 A2:A10 并右击，在弹出的快捷菜单中选择【设置单元格格式】选项，在弹出的对话框中，选择【数字】选项卡，然后在【分类】列表中选择【文本】选项，如右图所示。

第3步 单击【确定】按钮，即可将选中的单元格区域设置为文本格式。这样，在其中输入数字时，也会被认为是文本内容，如下图所示。

3.2.3　输入时间日期

日期和时间也是 Excel 工作表中常见的数据类型之一。在单元格中输入日期和时间型数据时，默认对齐方式为"右对齐"。若要在单元格中输入日期和时间，就要遵循特定的规则。

1.　输入日期

在单元格中输入日期型数据时，需使用斜线"/"或连字符"-"分隔日期的年、月、日。例如，可以输入"2022/1/6"或"2022-1-6"来表示日期，然后按【Enter】键完成输入，此时单元格中显示的日期格式均为"2022/1/6"，如下图所示。如果要获取系统当前的日期，则按【Ctrl+;】组合键即可。

> **提示**
>
> 默认情况下，输入的日期都会以"2022/1/6"的格式来显示，用户可通过设置单元格的格式来改变其显示的形式，具体操作步骤将在后文详细介绍。

2.　输入时间

在单元格中输入时间型数据时，需使用冒号"："分隔时间的时、分、秒。若要按 12 小时制表示时间，则需要在时间后面添加一个空格，然后输入 AM（上午）或 PM（下午）。如果要获取系统当前的时间，按【Ctrl + Shift+;】组合键即可，如下图所示。

3.2.4　重点：快速填充数据

为了提高用户输入文本内容的速度，Excel 2021 为用户提供了多种快速填充表格数据的方法，经常用到的方法有"填充柄"和"填充"命令，下面分别介绍这两种方法的使用技巧。

1.　使用填充柄

填充柄是位于当前活动单元格右下角的黑色方块，用鼠标拖动或双击它可进行填充操作，该功能适用于填充相同数据或序列数据。使用填充柄快速填充数据的具体操作步骤如下。

第1步 启动 Excel 2021，新建一个空白工作簿，输入如右图所示的内容。

第2步 分别在单元格 A2 和 A3 中输入"1"和"2"，然后选中单元格区域 A2:A3，并将鼠标指针移动到单元格 A3 的右下角，如下图所示。

第3步 此时鼠标指针变成 **+** 形状，按住鼠标左键不放，向下拖动，即可完成序号的快速填充，如下图所示。

第4步 选中单元格 D2:D3，并输入"技术部"，然后将鼠标指针移到 D3 单元格右下角，当鼠标指针变成 **+** 形状时，按住鼠标左键不放，向下拖动至单元格 D11，即可完成文本的快速填充，如下图所示。

第5步 分别在单元格 C2 和 C3 中输入"男""女"，然后选中单元格 C4，按【Alt+ ↓】组合键，此时在单元格 C4 的下方会显示已输入数据的列表，选择相应的选项即可，如下图所示。

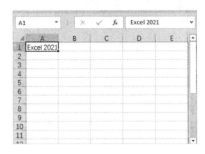

2. 使用填充命令

使用填充命令快速输入数据的具体操作步骤如下。

第1步 启动 Excel 2021，新建一个空白工作簿，在单元格 A1 中输入"Excel 2021"，如下图所示。

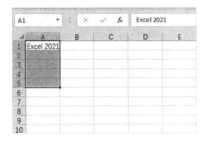

第2步 选择需要快速填充的单元格区域 A1:A5，如下图所示。

第3步 选择【开始】选项卡，在【编辑】组中单击【填充】按钮，在弹出的下拉菜单中选择【向下】选项，如下图所示。

第4步 即可在选择的单元格区域快速填充数据，效果如下图所示。

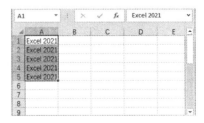

3.3 编辑数据的常用技巧

掌握编辑数据的常用技巧可快速对数据进行修改、复制、移动、查找、替换及清除等操作。

3.3.1 修改数据

当输入的数据不正确时就需要对其进行修改，修改数据的具体操作步骤如下。

第1步 双击需要修改数据的单元格，此时鼠标指针移动到了该数据的后面，如下图所示。

第2步 按【Backspace】键，将错误的数据清除，然后重新输入数据即可，如下图所示。

3.3.2 重点：复制和移动数据

在工作表中输入数据时，若数据输错了位置，不必重新输入，将其移动到正确的单元格或单元格区域即可；若单元格中的数据与其他单元格数据相同，可采用复制的方法来输入相同的数据，从而提高工作效率。

1. 复制数据

第1步 选中单元格区域 A1:A4，按【Ctrl+C】组合键进行复制，如下图所示。

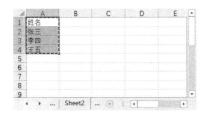

第2步 选择目标位置，这里选择单元格区域 C2:C5，然后按【Ctrl+V】组合键进行粘贴，即可将选中单元格区域中的数据复制到目标单元格区域 C2:C5 中，如右上图所示。

2. 移动数据

第1步 选择单元格区域 A1:A4，然后将鼠标指针移至选择单元格区域的边框上，此时鼠标指针变成 形状，如下图所示。

第2步 按住鼠标左键不放并将其拖动至合适的位置，然后释放鼠标左键，即可实现数据的移动，结果如下图所示。

3.3.3 重点：查找和替换数据

使用 Excel 提供的查找与替换功能，可以在工作表中快速定位要查找的信息，并且可以有选择性地用其他值将查找的内容替换。查找和替换数据的具体操作步骤如下。

第1步 打开"素材 \ch03\ 员工考勤表 .xlsx"工作簿，如下图所示。

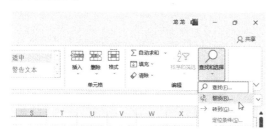

第2步 依次选择【开始】→【编辑】→【查找和选择】下拉按钮，在弹出的下拉菜单中选择【查找】选项（或按【Ctrl+F】组合键进行查找），如下图所示。

第3步 打开【查找和替换】对话框，在【查找内容】文本框中输入"本周出勤天数"，如下图所示。

第4步 单击【查找下一个】按钮，如下图所示，即可快速定位要查找的信息。

第5步 在【查找和替换】对话框中选择【替换】选项卡，然后在【替换为】文本框中输入"出勤天数"，并单击【替换】按钮，如下图所示。

第6步 即可将查找出的内容替换为"出勤天数"，如下图所示。

3.3.4 重点：撤销和恢复数据

撤销可以取消刚刚完成的一步或多步操作，恢复则可以取消刚刚完成的一步或多步撤销操作。撤销和恢复数据的具体操作步骤如下。

第1步 在单元格 H3 中输入"4"，如下图所示。

第2步 此时若想撤销刚才的输入操作，可以单击标题栏中的【撤销】按钮 ↺，或者按【Ctrl+Z】组合键，即可恢复至上一步操作，如下图所示。

第3步 经过撤销操作以后，【恢复】按钮 ↻ 被置亮，这表明可以用【恢复】按钮来恢复已被撤销的操作，其快捷键为【Ctrl+Y】，如下图所示。

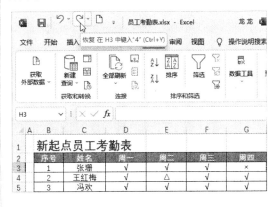

3.3.5 清除数据

清除数据包括清除单元格中的公式或内容、清除格式、清除批注及清除超链接等，具体操作步骤如下。

第1步 选中需要清除数据的单元格，如选择单元格 B1，如下图所示。

第3步 即可将单元格 B1 中的内容清除，但保留该单元格的格式，如下图所示。

第2步 依次单击【开始】→【编辑】→【清除】按钮，在弹出的下拉菜单中选择【清除内容】选项，如下图所示。

第4步 若在第 2 步弹出的下拉菜单中选择【清除格式】选项，即可将单元格 B1 的格式清除，但保留该单元格中的内容，如下图所示。

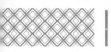

第5步 若选择【全部清除】选项，则单元格B1的格式及文本内容将全部被清除，如右图所示。

3.4 单元格的选取与定位

要对单元格进行编辑操作，必须先选中单元格或单元格区域，使其处于编辑状态。当启动Excel 2021并创建新的工作簿时，单元格A1默认处于选中状态。

3.4.1 选择单元格

选择单元格后，单元格边框线会变成绿色粗线，并在名称框中显示当前单元格的地址，其内容显示在当前单元格和编辑栏中。选中一个单元格的常用方法有以下三种。

1. 用鼠标选中

用鼠标选中单元格是最常用的方法，只需在单元格上单击即可。具体操作步骤如下。

第1步 启动Excel 2021，新建一个工作簿，此时单元格A1处于自动选中状态，如下图所示。

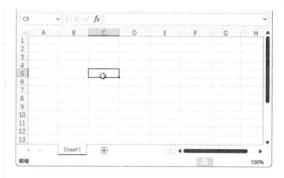

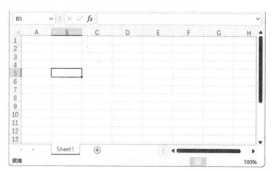

第2步 若需要选中其他单元格，可以移动鼠标指针至目标单元格，此时鼠标指针变成⇧形状，在目标单元格上单击，即可将其选中，如右上图所示。

2. 用名称框选中

在名称框中输入目标单元格的地址，这里输入"B5"，按【Enter】键完成输入，即可选中输入的单元格，如下图所示。

3. 用方向键选中

使用键盘上的上、下、左、右 4 个方向键，也可以选中单元格。例如，默认选中的是单元格 A1，按【↓】键则可选中单元格 A2，再按【→】键则可选中单元格 B2，如右图所示。

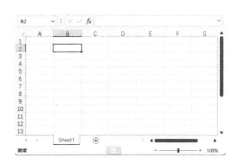

3.4.2 重点：选择连续单元格区域

在 Excel 工作表中，若要对多个连续单元格进行相同的操作，可以先选择单元格区域。选择连续单元格区域的方法有以下三种。

1. 鼠标拖曳法

第1步 将鼠标指针移至任意一个单元格，此时鼠标指针变成 ✛ 形状，如下图所示。

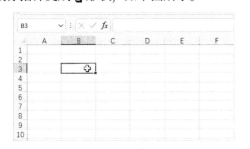

第2步 按住鼠标左键不放，向右下角拖动，即可选中连续的单元格区域，如下图所示。

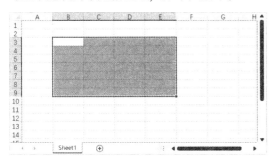

2. 使用快捷键选择

选中起始单元格，如 A2 单元格，然后在按住【Shift】键的同时单击该区域右下角的单元格 D5，即可选中单元格区域 A2:D5，如右上图所示。

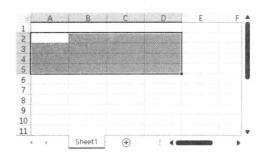

3. 使用名称框选择

第1步 在该工作表的名称框中输入单元格区域名称"A2:E6"，如下图所示。

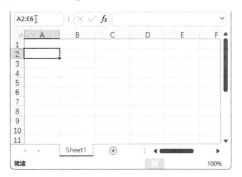

第2步 按【Enter】键完成输入，即可选中连续单元格区域 A2:E6，如下图所示。

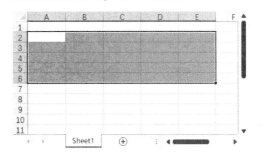

3.4.3 重点：选择不连续单元格区域

选择不连续单元格区域的具体操作步骤如下。

第1步 先选择第 1 个单元格区域，将鼠标指针移到单元格 A1 中，然后按住鼠标左键不放，向右下角拖动至该区域的单元格 C5，即可选中单元格区域 A1:C5，如下图所示。

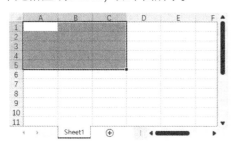

第2步 此时按住【Ctrl】键不放，同时再选中其他单元格区域，这里选中的单元格区域为 D5:F8，即可实现选择不连续单元格区域的操作，如下图所示。

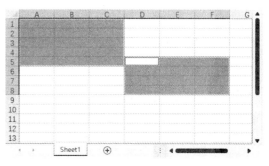

3.4.4 选择所有单元格

选择所有单元格，即选择整个工作表，下面介绍两种常用的操作方法。

方法 1：单击工作表左上角行号与列标相交处的【选定全部】按钮 ◢，即可选择所有单元格，如下图所示。

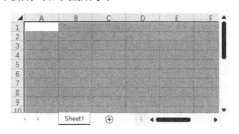

方法 2：按【Ctrl+A】组合键即可选中所有单元格，如下图所示。

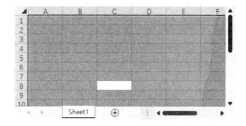

3.5 单元格的基本操作

在 Excel 2021 工作表中，对单元格的基本操作包括插入、删除、合并等。

3.5.1 插入与删除单元格

在 Excel 2021 工作表中，可以在活动单元格的上方或左侧插入空白单元格，与此同时，活动单元格将下移或右移。插入单元格的具体操作步骤如下。

第1步 打开"素材 \ch03\ 员工考勤表 .xlsx"工作簿，如下图所示。

第2步 选择需要插入空白单元格的活动单元格 H2，然后选择【开始】选项卡，在【单元格】组中单击【插入】按钮，在弹出的下拉菜单中选择【插入单元格】选项，如下图所示。

第3步 打开【插入】对话框，此时用户可根据实际需要选择向下或向右移动活动单元格，这里选中【活动单元格右移】单选按钮，如下图所示。

第4步 单击【确定】按钮，即可在当前位置插入空白单元格，原位置数据则依次向右移，如下图所示。

删除单元格的具体操作步骤如下。

第1步 选中插入的空白单元格 C2 并右击，在弹出的快捷菜单中选择【删除】选项，如下图所示。

第2步 打开【删除文档】对话框，在【删除文档】区域选中【右侧单元格左移】单选按钮，如下图所示。

第3步 单击【确定】按钮，即可将选中的单元格删除，同时右侧的单元格依次向左移动一个，如下图所示。

3.5.2 重点：合并与拆分单元格

合并与拆分单元格是美化表格最常用的方法，具体操作步骤如下。

第1步 打开素材文件，选择要合并的单元格区域 B1:H1，如下图所示。

第2步 单击【开始】选项卡【对齐方式】组中的【合并后居中】下拉按钮，在弹出的下拉菜单中选择【合并后居中】选项，如下图所示。

| 提示 |

合并单元格有3种合并方式：合并后居中、跨越合并和合并单元格。

· 合并后居中：合并单元格，同时内容在水平和垂直两个方向居中显示。

· 跨越合并：选取多行多列的单元格区域跨越合并，会将所选区域的每行进行合并。

· 合并单元格：合并单元格，内容靠左显示。

第3步 即可将选中的单元格区域合并成一个单元格并居中对齐，如下图所示。

第4步 选中合并后的单元格区域，单击【开始】选项卡【对齐方式】组中的【合并后居中】按钮，在弹出的下拉菜单中选择【取消单元格合并】选项，如下图所示。此时，即可将选中的单元格区域恢复到合并前的状态。

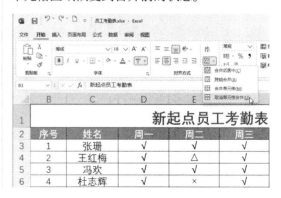

3.6 行和列的操作

行和列的基本组成单位是单元格，在对工作表进行编辑之前，首先需要掌握行、列及单元格的操作。

3.6.1 插入行与列

有时在工作表中需要添加一行或一列单元格以增加其他内容，可以通过插入行和列的操作来实现。插入行和列的具体操作步骤如下。

第1步 这里选中 H 列并右击，在弹出的快捷菜单中，单击【插入】命令，如下图所示。

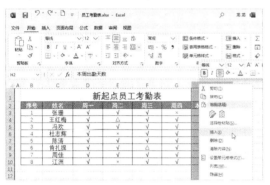

第2步 即可在工作表中插入一列空白列，如下图所示。

第3步 另外，用户可以使用功能区的命令插入行与列。如选择第 3 行，单击【开始】选项卡下【单元格】组中的【插入】按钮，在弹出的选项中，选择【插入工作表行】命令，如下图所示。

第4步 即可在工作表中插入空白行，如下图所示。

3.6.2 删除行与列

如果在工作表中不需要某一行或列，可以将其删除。删除行和列的具体操作步骤如下。

第1步 接上节操作，选中要删除的行或列并右击，在弹出的快捷菜单中，单击【删除】命令，如下图所示。

在弹出的【删除文档】对话框中，选择要删除的行或列，如这里单击【整行】单选项，如下图所示。

3.6.3 重点：调整行高与列宽

调整行高和列宽是美化表格最常用的方法。当单元格的宽度或高度不足时，会导致其中的数据显示不完整，这时就需要调整列宽和行高。调整行高和列宽有手动调整和自动调整两种方式，具体操作步骤如下。

第1步 在员工考勤表中添加一列"周五"，并输入相应内容。选中需要调整的行或列，如这里选择第2行，右击，在弹出的快捷菜单中单击【行高】命令，如下图所示。

第2步 打开【行高】对话框，将【行高】文本

第3步 即可将选中的一行删除，并且下面的行依次向上移动，如下图所示。

框中的原有数据删除，重新输入"28"，单击【确定】按钮，如下图所示。

第3步 即可将选中行的【行高】设置为【28】，如下图所示。

第4步 另外，用户可以手动调整行高或列宽。如选中第3行到第10行，将鼠标指针放到行之间的行线上，当指针变成 ✛ 形状时，按住

鼠标左键拖动行高至合适的高度即可，如下图
所示。

如下图所示。

第5步 释放鼠标左键，即可调整所选行的行高，

制作项目计划进度表

本实例将介绍如何制作项目计划进度表。通过本实例的练习，可以对本章介绍的知识点进行综合运用，包括输入数据、快速填充数据及合并单元格等操作。下面就根据某施工单位的施工进度计划来制作项目计划进度表。

1. 创建工作簿

启动 Excel 2021，新建一个工作簿，保存该工作簿名称为"项目计划进度表"，如下图所示。

2. 输入内容

在单元格中输入相关内容，如右图所示。

3. 调整行高和列宽

根据需要调整工作表中的行高和列宽，效果如下图所示。

4. 合并单元格

选中单元格区域 A1:E1，设置标题行为合并后居中。此时，一个简单的项目计划进度表就制作完成了，如右图所示。

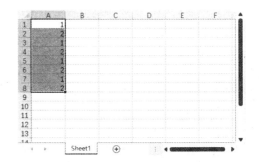

1. 使用右键填充数据

在填充数据时，可以使用鼠标右键进行填充，具体操作步骤如下。

第1步 启动 Excel 2021，新建一个空白工作簿，分别在单元格 A1 和 A2 中输入"1""2"，如下图所示。

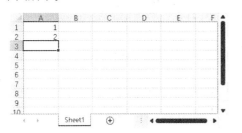

第2步 选中单元格区域 A1:A2，并将鼠标指针移至单元格 A2 的右下角，当鼠标指针变成╋形状时，按住鼠标右键向下填充，然后释放鼠标，即可弹出如下图所示菜单项。用户可根据需要选择填充命令，如这里选择【复制单元格】选项，如下图所示。

第3步 即可复制单元格中的数据并填充，如下图所示。

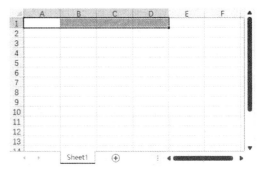

2. 使用"快速填充"合并多列单元格

使用"快速填充"可以快速合并多列单元格，具体操作步骤如下。

第1步 启动 Excel 2021，新建一个空白工作簿，选择需要合并的单元格区域，这里选择单元格区域 A1:D1，如下图所示。

第2步 依次单击【开始】→【对齐方式】→【合并后居中】按钮，在弹出的下拉菜单中选择【合并单元格】选项，如下图所示。

第3步 即可将选中的单元格区域合并成一个单元格，如下图所示。

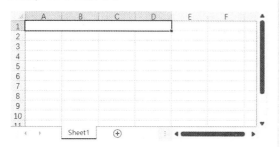

第4步 将鼠标指针移到单元格 A1 的右下角，当鼠标指针变成✚形状时，按住鼠标左键向下拖动至单元格区域 D7，即可完成多行单元格区域的合并，如下图所示。

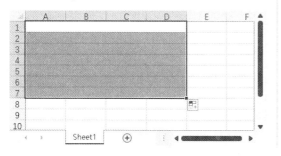

3. **在不同单元格中快速输入同一内容**

有时用户需要在不同单元格中输入相同的内容，如果采用逐个输入的方法会很烦琐，下面介绍一种快速在多个单元格中同时输入相同数据的技巧，具体操作步骤如下。

第1步 启动 Excel 2021，新建一个空白工作簿，依次选择需要输入同一内容的单元格，如下图所示。

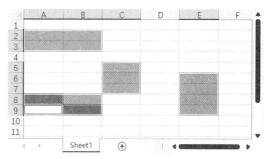

第2步 在编辑栏中输入文本 "Excel 2021"，按【Ctrl+Enter】组合键确认输入，此时所选单元格中的内容均变为 "Excel 2021"，如下图所示。

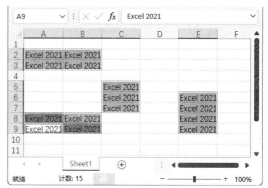

第4章

工作表的美化设计及数据的查看

本章导读

本章将通过员工资料归档管理表的制作，详细介绍表格的创建和编辑、文本段落的格式设计、套用表格样式、设置条件格式及数据的查看方式等内容，帮助读者掌握制作表格和美化表格的操作技巧。

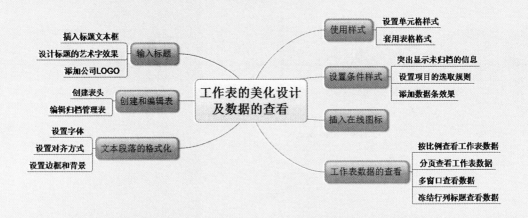

4.1 员工资料归档管理表

员工资料归档管理是企业管理过程中的重要环节，因此，企业会要求人力资源部门制作员工资料归档管理表来统一管理员工资料，以便在人员调动时查看其档案。

4.1.1 案例概述

制作员工资料归档管理表时，需要注意以下几点。

1. 格式统一

区分标题字体和表格内文的字体，统一表格内文字的样式（包括字体、字号、字体颜色等），否则表格将显得杂乱。

2. 美化表格

在员工资料归档管理表制作完成后，还需要对其进行美化操作，使其看起来更加美观。美化表格包括设置边框、调整行高列宽、设置标题、设置对齐方式等内容。

4.1.2 设计思路

制作员工资料归档管理表的思路如下。

（1）插入标题文本框，输入标题并设计艺术字效果。

（2）输入各项目的名称及具体内容。

（3）设置边框和填充效果并调整列宽。

（4）设置字体、字号和字体颜色。

（5）套用表格格式。

4.1.3 涉及知识点

本案例主要涉及以下知识点。

（1）插入文本框。

（2）使用样式。

（3）设置条件格式。

（4）使用多种方式查看数据

4.2 输入标题

在 Excel 工作表中创建表格时，第一步操作就是输入表格标题。标题可以直接在单元格中输入，也可以先插入一个文本框再输入标题内容。本节将介绍如何插入标题文本框及如何设置标题的艺术字效果。

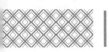

4.2.1 插入标题文本框

创建一个空白工作簿，然后进行操作，文本框的插入具体操作步骤如下。

第1步 启动 Excel 2021，新建一个空白工作簿，将工作表"Sheet1"重命名为"员工资料归档管理表"，然后将该工作簿保存，在保存时将其重命名为"员工资料归档管理表"，如下图所示。

第2步 选择【插入】选项卡，在【文本】组中单击【文本框】按钮，在弹出的下拉菜单中选择【绘制横排文本框】选项，如下图所示。

第3步 此时鼠标指针变成↓形状，按住鼠标左键绘制一个横排文本框，即可成功插入一个标题文本框，如下图所示。

4.2.2 设计标题的艺术字效果

插入标题文本框后，就可以在该文本框中输入标题名称并设计艺术字效果了，具体操作步骤如下。

第1步 选中插入的文本框，此时鼠标指针会移动到文本框中，在其中输入标题名称"员工资料归档管理表"，如下图所示。

第2步 选中输入的标题内容，选择【形状格式】选项卡，进入格式设置界面，如右图所示。

第3步 单击【艺术字样式】组中的【其他】按钮，在弹出的下拉列表中选择一种需要的艺术字样式，此时在标题文本框中即可预览设置的效果，如下图所示。

第4步 此时标题内容依然处于选中状态，在【开始】选项卡【字体】组中，将【字体】设置为【汉仪中宋简】，【字号】设置为【36】，并设置颜色为【金色，个性色4，深色25%】，对齐方式设置为【居中】，效果如下图所示。

第5步 在【形状格式】选项卡中单击【艺术字样式】组中的【文字效果】下拉按钮，从弹出的下拉菜单中依次选择【阴影】→【偏移：下】选项，如下图所示。

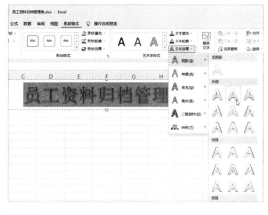

第6步 即可应用选择的文本效果，如下图所示。

4.2.3　重点：添加公司LOGO

公司 LOGO 代表着企业形象，一个生动形象的 LOGO 可以让消费者记住公司和品牌文化，从而起到宣传推广的作用。在工作表中添加公司 LOGO 的具体操作步骤如下。

第1步 接 4.2.2 小节的操作，单击【插入】选项卡【插图】组中的【图片】按钮，在弹出的选项中，选择【此设备】选项，如下图所示。

第2步 打开【插入图片】对话框，在其中打开"素材 \ch04\logo.png"，选中公司 LOGO，如右图所示。

第3步 单击【插入】按钮，即可将该图片插入 Excel 工作表，如下图所示。

第4步 选中插入的图片，将鼠标指针移到其右

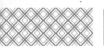
下角的控制点上，按住鼠标左键将其调整至需要的大小，然后释放鼠标左键即可，如下图所示。

第5步 将鼠标指针移动到该图片上，然后按住鼠标左键不放，拖动该图片至合适的位置后释放鼠标左键，即可调整图片的位置，如下图所示。

第6步 选中标题文本框并右击，在弹出的快捷菜单中选择【设置形状格式】选项，如下图所示。

第7步 打开【设置形状格式】任务窗格，选择【填充与线条】按钮，单击【线条】区域下的【无线条】单选按钮，如下图所示。

第8步 单击【设置形状格式】任务窗格右上角的关闭按钮，即可取消标题文本框的边框线，从而使标题看起来更加美观，如下图所示。

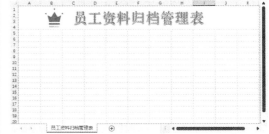

4.3 创建和编辑管理表

员工资料归档管理表的标题设置好以后，就可以根据归档管理表的具体内容来创建及编辑管理表了。

4.3.1 创建表头

在创建归档管理表时，需要先创建表格的表头，即表格的各个项目名称。创建表头的具体操作步骤如下。

第1步 选中 A5 单元格，并输入表格的第一个项目名称"序号"，然后按【Enter】键完成输入，如下图所示。

第2步 按照相同的方法在单元格区域 B5:K5 中分别输入表格的其他项目名称，即可完成表头的创建，如下图所示。

4.3.2 编辑归档管理表

表头创建完成以后，再根据各个项目名称输入各列的具体内容。编辑归档管理表的具体操作步骤如下。

第1步 在"员工资料归档管理表"工作表中编辑表格的内容，完成后的效果如下图所示。

第2步 默认情况下，在单元格中输入的身份证号码会以科学记数法显示，为了完整地显示输入的身份证号码，需要对单元格进行设置。选中单元格 G6，先输入英文状态下的"'"，然后再输入对应的员工身份证号码，如下图所示。

第3步 按【Enter】键完成输入，然后调整列宽，输入的身份证号码就可以完整地显示出来了，如下图所示。

第4步 按照相同的方法分别输入其他员工的身份证号码，完成后的效果如下图所示。

第5步 使用公式提取员工的性别信息。选中单元格 D6，并输入公式"=IF(MOD(RIGHT(LEFT

(G6,17)),2)," 男 "," 女 ")", 然后按【Enter】键完成输入, 即可提取第一位员工的性别信息, 如下图所示。

第6步 使用填充柄将单元格 D6 中的公式复制到后续单元格中, 完成其他员工性别信息的提取操作, 结果如下图所示。

第7步 编写计算员工年龄的公式。选中单元格 E6, 并输入公式 "=DATEDIF(F6,TODAY(),"y")",

按【Enter】键完成输入, 即可计算出第一位员工的年龄, 如下图所示。

第8步 使用填充柄将单元格 E6 中的公式复制到后续单元格中, 从而计算出其他员工的年龄, 如下图所示。至此, 就完成了员工资料归档管理表的编辑操作。

4.4 文本段落的格式化

员工资料归档管理表制作完成后, 还需要进行相关的格式化操作, 以增强表格的视觉效果。文本段落的格式化操作包括设置字体、对齐方式及边框和背景等内容。

4.4.1 设置字体

设置字体的具体操作步骤如下。

第1步 打开"员工资料归档管理表"工作表, 选中单元格区域 A5:K5, 按【Ctrl+1】组合键打开【设置单元格格式】对话框, 选择【字体】

选项卡, 并在【字体】列表中选择【黑体】选项, 在【字形】列表中选择【加粗】选项, 最后在【字号】列表中选择【12】选项, 单击【确定】按钮, 如下图所示。

第2步 即可完成字体的设置，如下图所示。

4.4.2 设置对齐方式

设置统一的对齐方式，会使表格看起来更加整齐、美观。设置对齐方式的具体操作步骤如下。

第1步 选中 A5:K15 单元格区域，单击【开始】选项卡【对齐方式】组中的【居中】按钮三，如下图所示。

第3步 为了使表格更美观，用户可以设置行高，如将第 6 行的【行高】设置为【22】，第 7~16 行的【行高】设置为【20】，并根据数据内容设置列宽，效果如下图所示。

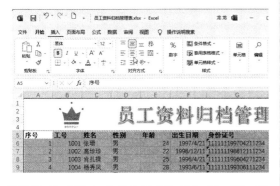

第2步 然后单击【垂直居中】按钮三，即可将所选区域中的内容居中对齐显示，如右图所示。

4.4.3 重点：设置边框和背景

设置边框和背景的具体操作步骤如下。

第1步 选中单元格区域 A5:K15，单击【开始】选项卡【字体】组中的【下边框】下拉按钮，在弹出的列表中，选择【所有框线】选项，如下图所示。

第2步 即可为表格设置边框，效果如下图所示。

第3步 设置填充效果。选中单元格区域 A5:K5，按【Ctrl+1】组合键打开【设置单元格格式】对话框，选择【填充】选项卡，然后单击【背景色】面板中的【填充效果】按钮，如下图所示。

钮，如下图所示。

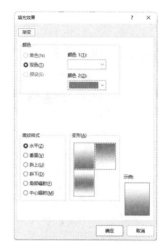

第5步 单击【确定】按钮，即可完成填充效果的设置，如下图所示。

第6步 设置背景色。选中单元格区域 A6:K15，打开【设置单元格格式】对话框，选择【填充】选项卡，并在【背景色】面板中选择需要填充的颜色，如下图所示。

第4步 打开【填充效果】对话框，在【颜色】列表中选择【双色】单选按钮，并在【颜色1】和【颜色2】下拉菜单中选择需要的颜色，然后选中【底纹样式】列表中的【水平】单选按

第7步 单击【确定】按钮，即可为选中的单元格区域设置背景色，如下图所示。

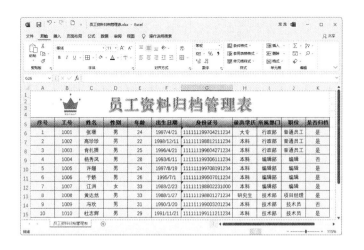

4.5 使用样式

在 Excel 工作表中美化表格既可以手动设置单元格样式，也可以使用 Excel 预置的多种常用表格样式。用户可以根据需要自动套用这些预先设定好的样式，以提高工作效率。

4.5.1 重点：设置单元格样式

设置单元格样式包括设置标题样式、主题单元格样式及数据格式等内容，具体操作步骤如下。

第 1 步 设置主题单元格样式。选中 A6:K15 单元格区域，然后单击【开始】选项卡【样式】组中的【单元格样式】按钮，从弹出的下拉列表中依次选择【主题单元格样式】→【20%-着色 4】的浅黄色选项，如下图所示。

第 2 步 即可应用选择的主题单元格样式，如下图所示。

另外，用户可以选择【新建单元格样式】选项，根据自己的需要设置单元格样式，并将其添加到列表中。

4.5.1 重点：套用表格格式

套用已有的表格格式不仅可以简化设置工作表格式的操作，还可以使创建的工作表更加规范。套用表格格式的具体操作步骤如下。

第1步 为了更好地显示套用表格格式的效果，这里需要先取消"员工资料归档管理表"中的表格填充颜色。打开"员工资料归档管理表"工作表，然后选中单元格区域 A5:K15，如下图所示。

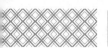

第2步 按【Ctrl+1】组合键打开【设置单元格格式】对话框，选择【填充】选项卡，单击【背景色】面板中的【无颜色】按钮，单击【确定】按钮，如下图所示。

第3步 即可取消表格中设置的填充颜色，如下图所示。

第4步 套用表格格式。选中单元格区域 A5:K15，然后单击【开始】选项卡【样式】组中的【套用表格格式】按钮，在弹出的下拉菜单中选择【中等深浅】→【白色，表样式中等深浅4】选项，如下图所示。

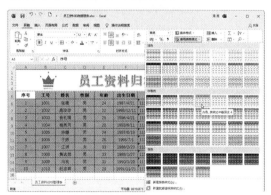

第5步 此时系统会弹出【创建表】对话框，并在【表数据的来源】文本框中显示选中的表格区域，如下图所示。

第6步 单击【确定】按钮，即可套用选择的表格样式，如下图所示。

第7步 选中第5行，将填充颜色设置为【金色，个性色4，深色25%】，效果如下图所示。

第8步 再次选中第5行，按【Ctrl+Shift+L】组合键，取消表格的筛选状态，效果如右图所示。

4.6 设置条件格式

在 Excel 2021 中可以使用条件格式功能，将符合条件的数据突出显示，从而更好地进行数据分析。

4.6.1 重点：突出显示未归档的信息

对未归档的信息设置突出显示，有利于管理者及时处理未归档信息，具体操作步骤如下。

第1步 选中单元格区域 K6:K15，然后单击【开始】选项卡【样式】组中的【条件格式】按钮，在弹出的下拉菜单中依次选择【突出显示单元格规则】→【等于】选项，如下图所示。

第2步 打开【等于】对话框，在【为等于以下值的单元格设置格式】文本框中输入"否"，然后在【设置为】下拉菜单中选择用于突出显示这些信息的颜色，这里选择【黄填充色深黄色文本】选项，如下图所示。

第3步 单击【确定】按钮，未归档信息即可突出显示，效果如下图所示。

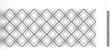

4.6.2　设置项目的选取规则

项目的选取规则不仅可以突出显示选定区域中最大或最小的百分数，或者指定数据所在单元格，还可以指定大于或小于平均值的单元格。这里介绍通过设置项目选取规则来突出显示高于平均年龄值的数据所在的单元格，具体操作步骤如下。

第1步 打开"员工资料归档管理表"工作表，选中单元格区域 E6:E15，依次单击【开始】→【样式】→【条件格式】按钮，在弹出的下拉菜单中选择【最前/最后规则】→【高于平均值】选项，如下图所示。

第2步 打开【高于平均值】对话框，然后在【针对选定区域，设置为】下拉菜单中选择【黄填充色深黄色文本】选项，如下图所示。

第3步 单击【确定】按钮，即可看到数值高于平均值的单元格背景色被设置成了黄色，字体颜色被设置成了深黄色，如下图所示。

4.6.3　添加数据条效果

添加数据条效果可以更直观地查看某个单元格相对于其他单元格的值，且数据条的长度代表单元格中的值。数据条越长，表示值越大；数据条越短，表示值越小。在观察大量数据中的较高值和较低值时，设置数据条效果尤为重要。

添加数据条效果的具体操作步骤如下。

第1步 撤销上一步添加的选取规则，并选中单元格区域 E6:E15，然后依次单击【开始】→【样式】→【条件格式】按钮，在弹出的下拉菜单中选择【数据条】→【渐变填充】→【橙色数据条】选项，如右图所示。

第2步 此时员工年龄就会以橙色数据条显示，年龄越大，则数据条越长，如右图所示。

4.7 插入在线图标

Excel 2021 支持在线图标功能，用户可以根据需求插入图标，丰富工作簿的内容。插入在线图标的具体操作步骤如下。

第1步 在 A18、E18 及 H18 单元格中分别输入如下图所示的内容。

第2步 分别合并 A18:D18、E18:G18 和 H18:K18 单元格区域，设置【字体】为【华文中宋】，【字号】为【14】，并调整行高，效果如下图所示。

第3步 依次单击【插入】→【插图】→【图标】按钮，如下图所示。

第4步 弹出如下图所示对话框，用户可以在【图标】选项卡下选择下方的分类项，浏览内置的图标，也可以在搜索框中搜索相关图标。单击要插入的图标，然后单击【插入】按钮，如下图所示。

第5步 即可在工作表中插入图标，如下图所示。

A	B	C	D	E	F	G
5	1005	许姗	男	24	1997/8/19	111111199708191234
6	1006	于娇	男	26	1995/7/1	111111199507011234
7	1007	江洲	女	33	1988/2/23	111111198802231000
8	1008	黄达然	男	33	1988/1/27	111111198801271234
9	1009	冯欢	男	31	1990/3/20	111111199003201234
10	1010	杜志辉	男	29	1991/11/21	111111199111211234

资料分类：员工信息　　　公司邮箱：×××@163.com

第6步 调整图标的大小，并调整图标的位置，效果如下图所示。

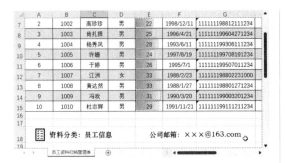

第7步 选中插入的图标，依次单击【图形格式】选项卡【图形样式】组中的【图形填充】按钮，在弹出的颜色列表中选择要填充的颜色，如下图所示。

第8步 使用同样的方法插入其他图标，并调整图标的大小、位置及颜色，最终效果如下图所示。

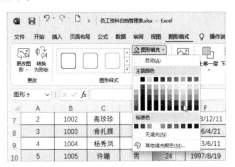

4.8 工作表数据的查看

Excel 2021 提供了多种工作表数据的查看方式，包括按比例查看、分页查看、多窗口查看及冻结行列标题查看。

4.8.1 按比例查看工作表数据

按比例查看是指将所有区域或选定区域缩小或放大，以便显示需要的数据信息。按比例查看工作表数据的具体操作步骤如下。

第1步 打开"员工资料归档管理表"工作表，单击【视图】选项卡【缩放】组中的【缩放】按钮，如右图所示。

第2步 打开【缩放】对话框，用户可根据实际需要选择相应的显示比例，这里选中【200%】单选按钮，如下图所示。

第3步 单击【确定】按钮，即可查看放大后的文档，如下图所示。

第4步 在工作表中选择一部分区域，然后在【缩放】对话框中选中【恰好容纳选定区域】单选按钮，则选择的区域将最大化地显示在当前窗口，如右上图所示。

第5步 若在【缩放】对话框中选择【50%】单选按钮，则可查看缩小后的文档，如下图所示。

> **| 提示 |** ::::::::
>
> 除了在功能区实现按比例查看操作以外，还可以拖动 Excel 工作界面右下角的缩放条进行按比例缩放。

4.8.2 分页查看工作表数据

使用分页预览功能可以查看工作表数据的分页情况，具体操作步骤如下。

第1步 打开"员工资料归档管理表"工作表，单击【视图】选项卡【工作簿视图】组中的【分页预览】按钮，如下图所示。

第2步 即可将工作表设置为分页预览的布局形式，如下图所示。

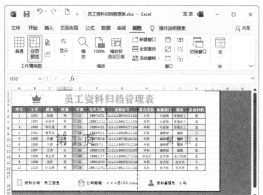

第3步 将鼠标指针放至虚线处，当指针变为双箭头形状时，按住鼠标左键进行拖动，即可调整每页的范围，如右图所示。

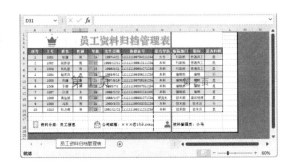

4.8.3 多窗口查看数据

使用 Excel 2021 提供的新建窗口功能可以新建一个与当前窗口一样的窗口，将两个窗口进行对比查看，便于数据分析。在多窗口中查看数据的具体操作步骤如下。

第1步 打开"员工资料归档管理表"工作表，单击【视图】选项卡【窗口】组中的【新建窗口】按钮，如下图所示。

第2步 即可新建一个名称为"员工资料归档管理表 .xlsx:2"的文件，源窗口名称自动改为"员工资料归档管理表 .xlsx:1"，如下图所示。

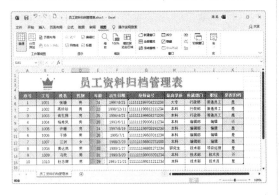

第3步 在源窗口中依次单击【视图】→【窗口】→【并排查看】按钮，即可将两个窗口并排放置，如下图所示。

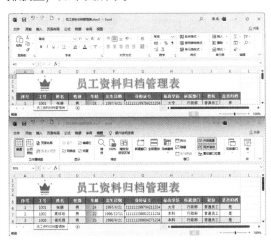

第4步 此时【同步滚动】按钮也被选中，拖动其中一个窗口的滚动条时，另一个窗口也会同步滚动，如下图所示。

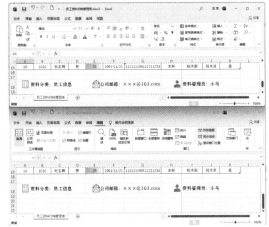

第5步 在源窗口中单击【窗口】组中的【全部重排】按钮，即可打开【重排窗口】对话框，在【排列方式】区域中选择窗口的排列方式，这里选中【垂直并排】单选按钮，如下图所示。

第6步 单击【确定】按钮，即可以垂直方式排列窗口，如下图所示。

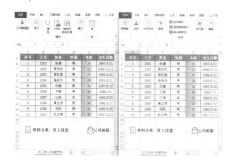

4.8.4 重点：冻结行列标题查看数据

冻结是指将指定区域固定，滚动条只对其他区域的数据起作用。冻结行列标题查看数据的具体操作步骤如下。

第1步 接上节操作，关闭"员工资料归档管理表"工作表的并排窗口，如下图所示。

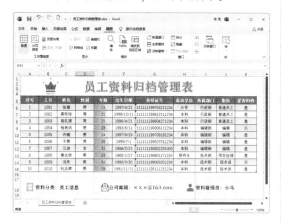

第2步 单击【视图】选项卡【窗口】组中的【冻结窗格】按钮，在弹出的下拉菜单中选择【冻结首列】选项，如下图所示。

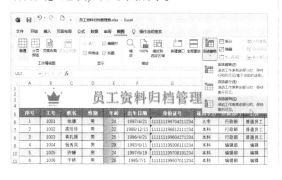

第3步 设置首列冻结以后，向右拖动滚动条，则序号列始终显示在当前窗口，如下图所示。

第4步 再次单击【窗口】组中的【冻结窗格】按钮，在弹出的下拉菜单中选择【取消冻结窗格】选项，即可恢复到普通状态，如下图所示。

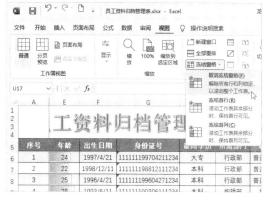

第5步 如果要冻结工作表的其他部分，如选中A6单元格，可以单击【窗口】组中的【冻结窗格】按钮，在弹出的下拉菜单中选择【冻结窗格】选项，即可冻结前5行，此时拖动滚动条的效

果如下图所示。

序号	工号	姓名	性别	年龄	出生日期	身份证号	最高学历	所属部门	职位	是否归档
4	1004	杨秀凤	男	28	1993/6/11	111111199306111234	本科	编辑部	编辑	否
5	1005	许姗	男	24	1997/8/19	111111199708191234	本科	编辑部	编辑	是
6	1006	于娇	男	26	1995/7/1	111111199507011234	本科	编辑部	编辑	是
7	1007	江洲	女	33	1988/2/23	111111198802231000	本科	编辑部	编辑	是
8	1008	黄达然	男	33	1988/1/27	111111198801271234	研究生	技术部	项目经理	是
9	1009	冯欢	男	31	1990/3/20	111111199003201234	本科	技术部	技术员	否
10	1010	杜志辉	男	29	1991/11/21	111111199111211234	本科	技术部	技术员	是

资料分类：**员工信息** 公司邮箱：×××@163.com 资料管理员：**小马**

员工资料归档管理表

美化人事变更表

通过对本章内容的学习，读者已经掌握了如何制作及美化表格，下面来进一步对人事变更表进行美化。

1. 创建工作簿

创建"人事变更表"工作簿，输入表格标题并设置为艺术字，设置艺术字的属性和位置，效果如下图所示。

2. 输入人事信息

在工作表中输入人事变更表的内容，如右上图所示。

3. 设置字体和边框效果

选中单元格区域 A4:F14，设置边框效果，设置表格项目名称的字体格式、对齐方式，调整行高和列宽，效果如下图所示。

序号	工号	姓名	变更事项说明	变更日期	备注
1	1001	张珊	升职	2022年1月1日	
2	1002	高珍珍	离职	2022年1月13日	
3	1003	肯扎提	调换部门	2021年12月4日	
4	1004	杨秀凤	离职	2021年12月24日	
5	1005	许姗	离职	2021年9月18日	
6	1006	于娇	离职	2021年8月27日	
7	1007	江洲	升职	2021年10月20日	
8	1008	黄达然	离职	2021年12月22日	
9	1009	冯欢	离职	2021年11月29日	
10	1010	杜志辉	离职	2021年9月5日	

人事变更表

4. 套用表格样式

选中单元格区域 A4:F4 套用表格格式，然后单击【数据】选项卡【排序和筛选】组中的【筛选】按钮，即可取消数据的筛选状态，如右图所示。至此，就完成了人事变更表的制作及美化操作。

1. 神奇的 Excel 格式刷

Excel 中的格式刷具有很强大的功能，使用它可以很方便地将某一单元格的格式（字体、字号、行高、列宽等）应用于其他区域，从而提高工作效率。使用格式刷的具体操作步骤如下。

第1步 打开"素材 \ch04\ 格式刷的使用 .xlsx"工作簿，如下图所示。

第2步 选中单元格 A4，并输入"处处闻啼鸟"，按【Enter】键完成输入，如右上图所示。

第3步 选中单元格 A1，单击【开始】选项卡【剪贴板】组中的【格式刷】按钮，此时单元格 C5 四周出现闪烁的边框线，如下图所示。

第4步 单击单元格 A4，即可实现文字格式的复制，如右图所示。

2. 新功能：在 Excel 中创建自定义视图

Excel 2021 提供了自定义视图功能，可以保存特定显示设置（如隐藏的行和列、单元格选择、筛选设置和窗口设置）及打印设置（如页面设置、页边距、页眉和页脚、工作表的设置）等，以便根据需要快速将这些设置应用于该工作表。

可以为每个工作表创建多个自定义视图，但只能将自定义视图应用于该工作表。如果不再需要自定义视图，可以将其删除。

创建自定义视图的具体操作步骤如下。

第1步 选中工作表的第一行数据并右击，在弹出的快捷菜单中选择【隐藏】选项，如下图所示。

第2步 隐藏第 1 行数据后，依次单击【视图】→【工作簿视图】→【自定义视图】按钮，如下图所示。

第3步 弹出【视图管理器】对话框，单击【添加】按钮，如右上图所示。

第4步 弹出【添加视图】对话框，【名称】设置为"隐藏标题行"，单击【确定】按钮，如下图所示。

第5步 选择第 2 行并右击，在弹出的快捷菜单中选择【取消隐藏】选项，如下图所示。

第6步 重新显示第一行数据，依次单击【视图】→【工作簿视图】→【自定义视图】按钮，如下图所示。

第7步 弹出【视图管理器】对话框，在【视图】列表中选择自定义的视图"隐藏标题行"，单击【显示】按钮，如右上图所示。

| 提示 |

选择自定义的视图名称，单击【删除】按钮，即可将自定义的视图删除。

第8步 按自定义视图显示后的效果如下图所示。

3. 新功能：在 Excel 2021 中制作精美的 Visio

Visio 是负责绘制流程图和示意图的软件，它可以将复杂信息和流程进行可视化处理。在 Excel 2021 中可以制作精美的 Visio 图表，如基本流程图、跨职能流程图和组织结构图等。制作 Visio 具体操作步骤如下。

第1步 依次单击【插入】→【加载项】→【Visio Data Visualizer】按钮，如下图所示。

第2步 弹出【Microsoft Visio Data Visualizer】对话框，单击【信任此加载项】按钮，在弹出的【Data Visualizer】界面，单击【继续但不登录（预览）】链接，如下图所示。

第3步 选择【基本流程图】选项，在右侧选择【垂直】选项，单击【创建】按钮，如下图所示。

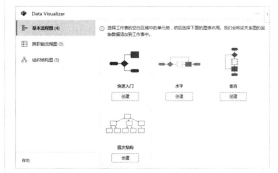

第4步 完成 Visio 图的创建，如下图所示。

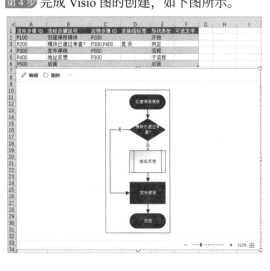

第5步 根据需要修改数据，并单击【刷新】按钮，完成 Visio 图的制作，效果如下图所示。

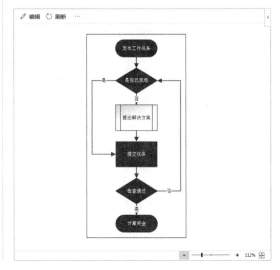

第
2
篇

公式函数篇

本篇主要介绍 Excel 公式与函数的操作。通过对本篇内容的学习，读者可以掌握简单及复杂的数据计算。

第 5 章
简单数据的快速计算——公式

本章导读

本章将详细介绍公式的输入和使用、单元格的引用及审核公式是否正确等内容。通过对本章内容的学习，读者可以了解公式强大的计算功能，从而为分析和处理工作表中的数据提供极大的方便。

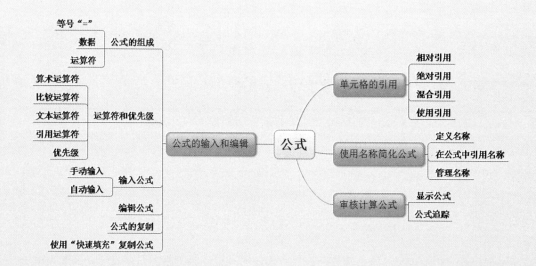

5.1 费用支出报销单

费用支出报销单是员工领取报销钱款的凭证，报销单中详细地记录了各项报销的项目名称、报销金额和报销汇总情况。经过企业的经办人及审核人批准后，员工即可去财务部领取相应的报销费用。

5.1.1 案例概述

制作费用支出报销单时，需要注意以下几点。

1. 格式统一

区分标题文字和表格内的文字，统一表格内文字的格式（包括字体、字号、颜色等），否则表格内容将显得杂乱。

2. 美化表格

在费用支出报销单制作完成后，还需要对其进行美化操作，使其看起来更加美观。美化表格包括设置边框、调整行高列宽、设置标题、设置对齐方式等内容。

5.1.2 设计思路

制作费用支出报销单时可以按以下思路进行。

（1）输入表格标题及具体内容。
（2）使用求和公式计算报销费用汇总情况。
（3）设置边框和填充效果，调整行高列宽。
（4）合并单元格并设置标题效果。
（5）设置文本对齐方式，并统一格式。

5.1.3 涉及知识点

本章案例中主要涉及以下知识点。

（1）输入公式。
（2）编辑公式。
（3）复制公式。
（4）引用单元格。
（5）定义名称并管理名称。
（6）审核公式。

5.2 公式的输入和编辑

输入公式时，以等号"="作为开头，以提示 Excel 单元格中含有公式，对已输入的公式可以进行修改、删除等操作。本节将详细介绍公式的输入和编辑操作。

5.2.1　公式的组成

公式就是一个等式，由数据和运算符组成。使用公式时必须以等号"="开头，后面紧接数据和运算符。数据可以是常数、单元格或引用单元格区域、标志、名称或工作函数等，这些数据之间必须使用运算符隔开。

5.2.2　公式中的运算符和优先级

运算符是公式中的主角，要想掌握 Excel 中的公式，就必须先认识这些运算符，了解运算符的优先级顺序。

1.　运算符

在 Excel 中，运算符可以分为算术运算符、比较运算符、文本运算符和引用运算符 4 种。

（1）算术运算符

算术运算符用于完成基本的数学运算，即加、减、乘、除、百分比、求幂等，如下表所示。

算术运算符

算术运算符	名称	用途	示例
+	加号	加	5+6
−	减号	减，也可以表示负数	9−1，−9
*	星号	乘	6*6
/	斜杠	除	9/2
%	百分号	百分比	90%
^	脱字符	求幂	4^2（相当于4*4）

（2）比较运算符

比较运算符用于比较两个值，结果为一个逻辑值，即 TRUE（真）或 FALSE（假）。这类运算符常用于判断，根据判断结果决定下一步进行何种操作。常见比较运算符如下表所示。

比较运算符

比较运算符	名称	用途	示例
=	等号	等于	A5=B5
>	大于号	大于	A5>B5
<	小于号	小于	A5<B5
>=	大于等于号	大于等于	A5>=B5
<=	小于等于号	小于等于	A5<=B5

续表

比较运算符	名称	用途	示例
<>	不等号	不等于	A5<>B5

（3）文本运算符

Excel 中的文本运算符只有一个文本串联符"&"，用于将两个或多个字符连接在一起。例如，单元格 A5 包含"名"，单元格 B5 包含"姓"。若要以格式"名，姓"显示全名，可输入公式"=A5&","&B5"；若要以格式"姓，名"显示全名，则输入"=B5&","&A5"。

（4）引用运算符

引用运算符用于合并单元格区域，各引用运算符的名称与用途如下表所示。

引用运算符

引用运算符	名称	用途	示例
:	冒号	引用单元格区域	A5:A15
,	逗号	合并多个单元格引用	SUM（A5:A15，D5:D15）
	空格	使两个单元格区域相交	A1:C1 B1:B5 的结果为 B1

2. 运算符的优先级

在 Excel 中，一个公式中可以同时包含多个运算符，这时就需要按照一定的优先顺序进行计算；对于相同优先级的运算符，将从左到右进行计算。另外，把需要先计算的部分用括号括起来，可提高优先顺序。常见运算符的优先级如下表所示（从上到下依次递减）。

运算符的优先级

运算符	名称
：（冒号）	引用运算符
（空格）	交集运算符
，（逗号）	联合运算符
%	百分号
^	乘幂
* 和 /	乘和除
+ 和 −	加和减
&	连接两串文本

5.2.3 重点：输入公式

在单元格中输入公式有手动输入和自动输入两种方法，下面将分别进行介绍。

1. 手动输入

第1步 打开"素材 \ch05\ 费用支出报销单 .xlsx"工作簿，如下图所示。

第2步 选中单元格 K3，并在其中输入"=F3"，此时单元格 F3 处于被引用状态，如下图所示。

第3步 接着输入"+"，然后选中单元格 G3，此时单元格 G3 也处于被引用状态，如下图所示。

第4步 按照相同的方法，在单元格 K3 中输入完整公式"=F3+G3+H3+I3+J3"，如右上图所示。

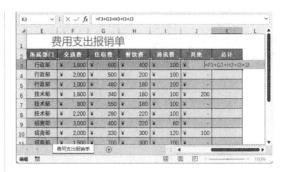

第5步 此时按【Enter】键即可完成输入，并自动计算出第一位员工的报销金额，如下图所示。

2. 自动输入

自动输入公式不仅简单快捷，还不容易出错。自动输入公式的具体操作步骤如下。

第1步 选中单元格 K3，然后单击【开始】选项卡【编辑】组中的【求和】下拉按钮 Σ ，在弹出的下拉列表中，单击【求和】选项，如下图所示。

第2步 此时在选中的单元格中自动显示求和公式及在公式中引用的单元格地址，如下图所示。

第3步 按【Enter】键确认公式，即可自动计算出第一位员工的报销金额，如右图所示。

5.2.4 重点：编辑公式

在公式的使用过程中，有时需要对输入的公式进行修改，具体操作步骤如下。

第1步 接 5.2.3 小节操作，双击单元格 K3，使其处于编辑状态，如下图所示。

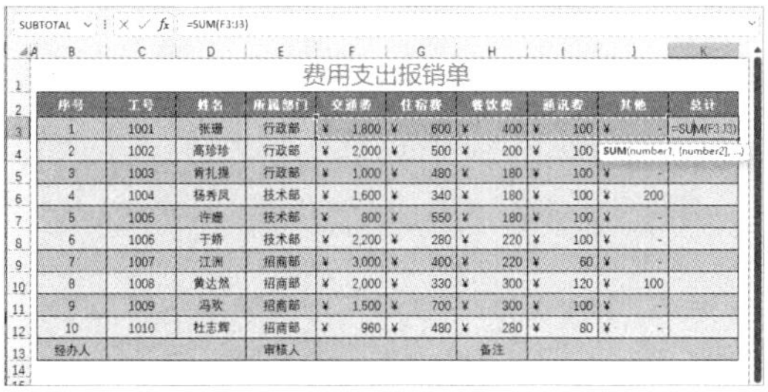

第2步 此时可将其中的公式删除后重新输入或对个别数据进行修改，这里重新输入引用单元格，即可完成对公式的编辑，如下图所示。

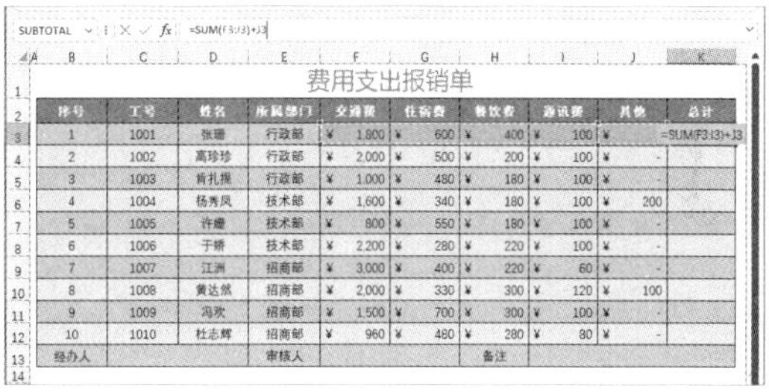

5.2.5 公式的复制

在工作表中创建公式以后，有时还需要将该公式复制到其他单元格中，具体操作步骤如下。

第1步 选中单元格 K3，然后单击【开始】选项卡【剪贴板】组中的【复制】按钮，此时选中的单元格边框显示为闪烁的虚线，如下图所示。

第2步 选中目标单元格 K4，按【Ctrl+V】组合键，

即可将单元格 K3 的公式粘贴到目标单元格中，并且公式计算出的值发生了变化，如下图所示。

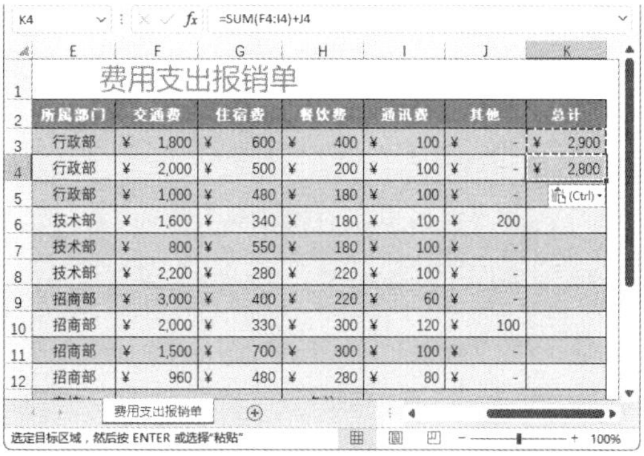

第3步 单元格 K3 仍处于复制状态，如果此时不需要再复制该单元格中的公式，只需按【Esc】键即可。

5.2.6 重点：使用"快速填充"进行公式复制

如果需要在多个单元格中复制公式，采用逐个复制的方法就会增加工作量；为了提高工作效率，可以使用"快速填充"的方法复制公式，具体操作步骤如下。

第1步 选中单元格 K4，将鼠标指针移到此单元格的右下角，此时指针变成 ✚ 形状，如下图所示。

第2步 按住鼠标左键向下拖动至单元格 K12，即可将单元格 K4 的公式复制到后续单元格中，并自动计算出其他员工的报销金额，如下图所示。

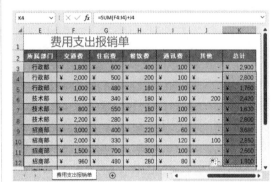

5.3 单元格的引用

单元格的引用是指引用单元格的地址，使其中的数据和公式联系起来。

5.3.1 重点：相对引用

使用相对引用，单元格引用会随公式所在单元格的位置变更而改变。在相对引用中复制公式时，公式中引用的单元格地址将被更新，指向与当前公式位置相对应的单元格。使用相对引用的具体步骤如下。

第1步 打开"素材 \ch05\ 费用支出报销单 .xlsx"工作簿，如下图所示。

第 2 步 单击选中单元格 K3，并输入公式“=F3+G3+H3+I3+J3”，按【Enter】键确认。将鼠标指针移到其右下角，当指针变成➕形状时，按住鼠标左键向下拖动至单元格 K4，则单元格 K4 中的公式会变为“=F4+G4+H4 +I4+J4”，其计算结果也会发生变化，如右图所示。

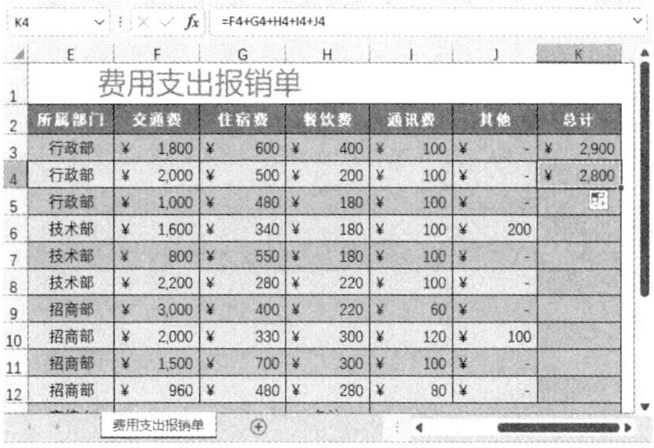

所属部门	交通费	住宿费	餐饮费	通讯费	其他	总计
行政部	¥ 1,800	¥ 600	¥ 400	¥ 100	¥ -	¥ 2,900
行政部	¥ 2,000	¥ 500	¥ 200	¥ 100	¥ -	¥ 2,800
行政部	¥ 1,000	¥ 480	¥ 180	¥ 100	¥ -	
技术部	¥ 1,600	¥ 340	¥ 180	¥ 100	¥ 200	
技术部	¥ 800	¥ 550	¥ 180	¥ 100	¥ -	
技术部	¥ 2,200	¥ 280	¥ 220	¥ 100	¥ -	
招商部	¥ 3,000	¥ 400	¥ 220	¥ 60	¥ -	
招商部	¥ 2,000	¥ 330	¥ 300	¥ 120	¥ 100	
招商部	¥ 1,500	¥ 700	¥ 300	¥ 100	¥ -	
招商部	¥ 960	¥ 480	¥ 280	¥ 80	¥ -	

5.3.2 重点：绝对引用

绝对引用是指在公式中引用的单元格的行列坐标前添加“$”符号，这样，无论将这个公式复制到任何地方，这个单元格地址都绝对不变。使用绝对引用的具体操作步骤如下。

第 1 步 双击单元格 K3，使其处于编辑状态，将此单元格中的公式更改为“=$F$3+$G$3+$H$3+$I$3+$J$3”，如下图所示。

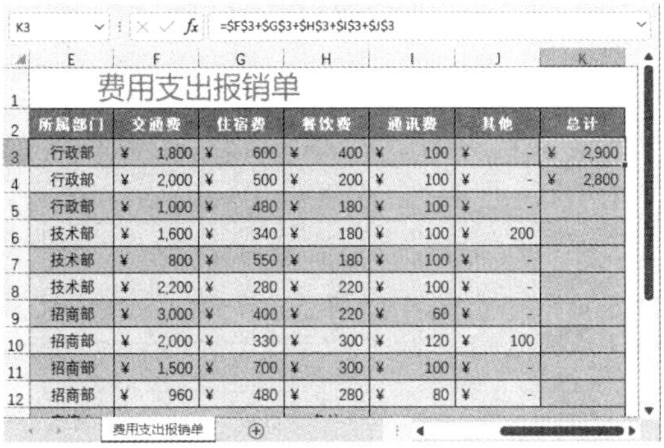

所属部门	交通费	住宿费	餐饮费	通讯费	其他	总计
行政部	¥ 1,800	¥ 600	¥ 400	¥ 100	¥ -	¥ 2,900
行政部	¥ 2,000	¥ 500	¥ 200	¥ 100	¥ -	¥ 2,800
行政部	¥ 1,000	¥ 480	¥ 180	¥ 100	¥ -	
技术部	¥ 1,600	¥ 340	¥ 180	¥ 100	¥ 200	
技术部	¥ 800	¥ 550	¥ 180	¥ 100	¥ -	
技术部	¥ 2,200	¥ 280	¥ 220	¥ 100	¥ -	
招商部	¥ 3,000	¥ 400	¥ 220	¥ 60	¥ -	
招商部	¥ 2,000	¥ 330	¥ 300	¥ 120	¥ 100	
招商部	¥ 1,500	¥ 700	¥ 300	¥ 100	¥ -	
招商部	¥ 960	¥ 480	¥ 280	¥ 80	¥ -	

第 2 步 选中单元格 K3，并将鼠标指针移到其右下角，当指针变成➕形状时，按住鼠标左键向下拖动至单元格 K4，则单元格 K4 中的公式仍是“=$F$3+$G$3+$H$3+$I$3+$J$3”，即表示这种公式为绝对引用，如下图所示。

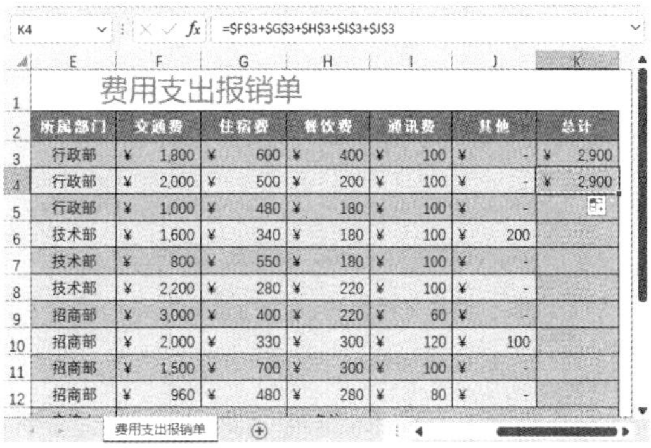

所属部门	交通费	住宿费	餐饮费	通讯费	其他	总计
行政部	¥ 1,800	¥ 600	¥ 400	¥ 100	¥ -	¥ 2,900
行政部	¥ 2,000	¥ 500	¥ 200	¥ 100	¥ -	¥ 2,900
行政部	¥ 1,000	¥ 480	¥ 180	¥ 100	¥ -	
技术部	¥ 1,600	¥ 340	¥ 180	¥ 100	¥ 200	
技术部	¥ 800	¥ 550	¥ 180	¥ 100	¥ -	
技术部	¥ 2,200	¥ 280	¥ 220	¥ 100	¥ -	
招商部	¥ 3,000	¥ 400	¥ 220	¥ 60	¥ -	
招商部	¥ 2,000	¥ 330	¥ 300	¥ 120	¥ 100	
招商部	¥ 1,500	¥ 700	¥ 300	¥ 100	¥ -	
招商部	¥ 960	¥ 480	¥ 280	¥ 80	¥ -	

5.3.3 混合引用

混合引用是指在单元格引用中，既有绝对引用，同时又包含相对引用。使用混合引用的具体操作步骤如下。

第 1 步 双击单元格 K3，使其处于编辑状态，然后将此单元格中的公式更改为“=$F3+$G3+$H3+$I3+$J3”，如右图所示。

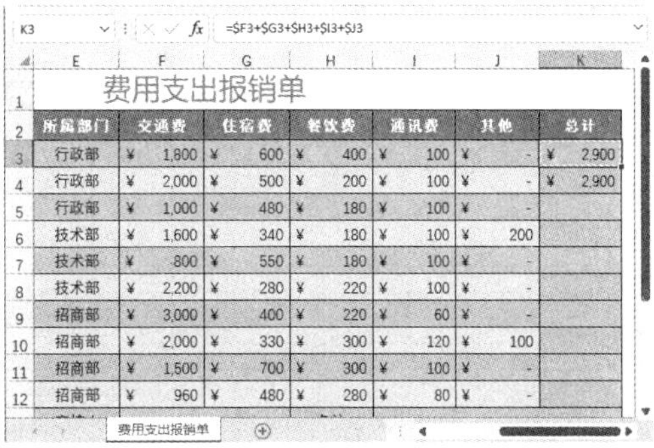

所属部门	交通费	住宿费	餐饮费	通讯费	其他	总计
行政部	¥ 1,800	¥ 600	¥ 400	¥ 100	¥ -	¥ 2,900
行政部	¥ 2,000	¥ 500	¥ 200	¥ 100	¥ -	¥ 2,900
行政部	¥ 1,000	¥ 480	¥ 180	¥ 100	¥ -	
技术部	¥ 1,600	¥ 340	¥ 180	¥ 100	¥ 200	
技术部	¥ 800	¥ 550	¥ 180	¥ 100	¥ -	
技术部	¥ 2,200	¥ 280	¥ 220	¥ 100	¥ -	
招商部	¥ 3,000	¥ 400	¥ 220	¥ 60	¥ -	
招商部	¥ 2,000	¥ 330	¥ 300	¥ 120	¥ 100	
招商部	¥ 1,500	¥ 700	¥ 300	¥ 100	¥ -	
招商部	¥ 960	¥ 480	¥ 280	¥ 80	¥ -	

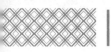

第2步 移动鼠标指针到单元格 K3 的右下角，当指针变成➕形状时向下拖动至单元格 K4，则单元格 K4 的公式变为"=$F4+$G4+$H4+$I4+$J4"，如右图所示。

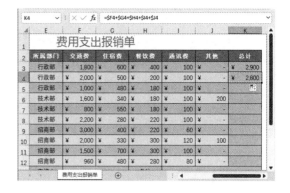

5.3.4 使用引用

引用分为 4 种情况，即引用当前工作表中的单元格、引用当前工作簿中其他工作表中的单元格、引用其他工作簿中的单元格和引用交叉区域。本小节将详细介绍这 4 种引用方式。

（1）引用当前工作表中的单元格。

引用当前工作表中的单元格可以直接输入该单元格的地址，具体操作步骤如下。

第1步 打开"素材 \ch05\ 员工工资表 .xlsx"工作簿，如下图所示。

第2步 选中单元格 H3，并输入"="，如下图所示。

第3步 接着输入"E3+"，此时单元格 E3 处于被引用状态，如下图所示。

第4步 按照上述操作，在单元格 H3 中输入完整公式"=E3+F3+G3"，如下图所示。

第5步 按【Enter】键确认输入，即可自动计算出结果，如下图所示。

工号	姓名	性别	基本工资	津贴福利	奖金	应发工资
						员工工资表
1001	张珊	女	2800	200	0	3000
1002	高珍珍	女	3500	200	1000	
1003	肯扎提	女	5600	200	0	
1004	杨秀凤	女	4000	200	0	
1005	许姗	女	4000	200	0	
1006	于娇	女	4000	200	0	
1007	江洲	男	6000	200	2000	
1008	黄达然	男	4000	200	1800	
1009	冯欢	男	5000	200	0	
1010	杜志辉	男	7000	200	0	

（2）引用当前工作簿中其他工作表中的单元格。

在同一个工作簿中，除了引用本工作表中的单元格以外，还可以跨工作表引用单元格，具体操作步骤如下。

第1步 接上面的操作步骤，单击工作表标签"Sheet2"，进入"Sheet2"工作表中，如下图所示。

工号	姓名	性别	个税代扣	实发工资
				员工个税代扣
1001	张珊	女	108	
1002	高珍珍	女	320	
1003	肯扎提	女	180	
1004	杨秀凤	女	160	
1005	许姗	女	300	
1006	于娇	女	450	
1007	江洲	男	432	
1008	黄达然	男	600	
1009	冯欢	男	421	
1010	杜志辉	男	680	

第2步 在打开的工作表中选中单元格 F3，并输入"="，如下图所示。

工号	姓名	性别	个税代扣	实发工资
				员工个税代扣
1001	张珊	女	108	=
1002	高珍珍	女	320	
1003	肯扎提	女	180	
1004	杨秀凤	女	160	
1005	许姗	女	300	
1006	于娇	女	450	
1007	江洲	男	432	
1008	黄达然	男	600	
1009	冯欢	男	421	
1010	杜志辉	男	680	

第3步 打开"Sheet1"工作表，选中单元格 H3，然后在编辑栏中输入"-"，如右上图所示。

第4步 选择"Sheet2"工作表，可以看到编辑栏中显示公式"=Sheet1!H3-Sheet2!"，直接在公式后输入"E3"，此时编辑栏中将显示计算实发工资的公式"=Sheet1!H3-Sheet2!E3"，如下图所示。

工号	姓名	性别	个税代扣	实发工资
				员工个税代扣
1001	张珊	女	108	3-Sheet2!E3
1002	高珍珍	女	320	
1003	肯扎提	女	180	
1004	杨秀凤	女	160	
1005	许姗	女	300	
1006	于娇	女	450	
1007	江洲	男	432	
1008	黄达然	男	600	
1009	冯欢	男	421	
1010	杜志辉	男	680	

第5步 按【Enter】键完成输入，即可跨工作表引用单元格数据并得出计算结果，如下图所示。

工号	姓名	性别	个税代扣	实发工资
				员工个税代扣
1001	张珊	女	108	2892
1002	高珍珍	女	320	
1003	肯扎提	女	180	
1004	杨秀凤	女	160	
1005	许姗	女	300	
1006	于娇	女	450	
1007	江洲	男	432	
1008	黄达然	男	600	
1009	冯欢	男	421	
1010	杜志辉	男	680	

（3）引用其他工作簿中的单元格。

除了引用同一工作簿中的单元格以外，还可以引用其他工作簿中的单元格。需要注意的是，在引用其他工作簿中的单元格数据时，应确保引用的工作簿是打开的。引用其他工作簿中单元格的具体操作步骤如下。

第1步 启动 Excel 2021, 新建一个空白工作簿, 在新建的空白工作表中选择单元格 A1, 并输入 "=", 如下图所示。

第2步 切换到 "员工工资表 .xlsx" 工作簿中的 "Sheet2" 工作表中, 并选中单元格 F3, 如下图所示。

第3步 按【Enter】键完成输入, 即可在空白工作表中引用 "员工工资表" 中第一位员工实发工资的数据, 如右上图所示。

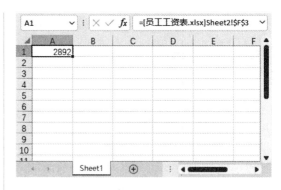

（4）引用交叉区域。

在工作表中定义多个单元格区域, 或者两个区域之间有交叉的范围时, 可以使用交叉运算符来引用单元格区域的交叉部分。例如, 两个单元格区域 B3:D8 和 D6:F11, 它们的相交部分可以表示为 "B3:D8 D6:F11", 如下图所示。

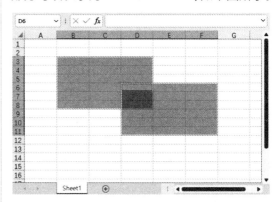

| 提示 |

交叉运算符就是空格, 使用空格将两个单元格区域隔开, 就可以表示两个单元格区域的交叉部分。

5.4 使用名称简化公式

当输入的公式中引用过多的单元格时, 为了保证公式的正确性, 可以使用定义的名称来简化公式, 从而避免因少引用单元格而造成计算结果错误。

5.4.1 定义名称

在使用名称简化公式之前，需要先定义名称。定义名称的具体操作步骤如下。

第1步 打开"素材 \ch05\ 费用支出报销单 .xlsx"工作簿，如下图所示。

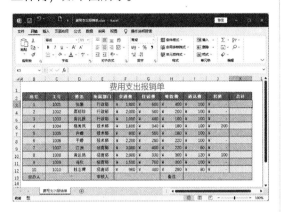

第2步 选中单元格区域 F3:J3，单击【公式】选项卡【定义的名称】组中的【定义名称】按钮，如下图所示。

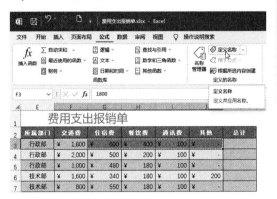

第3步 打开【新建名称】对话框，然后在【名称】文本框中输入"张珊报销总金额"，并在【引用位置】文本框中显示引用的单元格区域，单击【确定】按钮，即可完成自定义名称的操作，如下图所示。

第4步 依次单击【公式】→【定义的名称】→【名称管理器】按钮，打开【名称管理器】对话框，在其中可以查看自定义的名称，如下图所示。

5.4.2 在公式中引用名称

完成名称的定义以后，就可以在输入公式时引用名称，从而简化公式的输入。在公式中引用名称的具体操作步骤如下。

第1步 打开"费用支出报销单 .xlsx"工作簿，并选中单元格 K3，如右图所示。

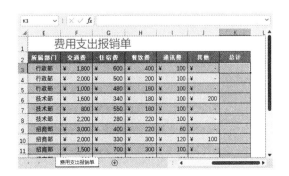

第2步 在选中的单元格中输入公式"=SUM（张珊报销总金额）"，其中"张珊报销总金额"为自定义的名称，在引用该名称以后，被定义的单元格区域处于引用状态，如下图所示。

第3步 按【Enter】键完成输入，即可通过在公式中引用名称而得出计算结果，如下图所示。

5.4.3 管理名称

管理名称包括新建名称，以及对自定义的名称进行编辑和删除操作。管理名称的具体操作步骤如下。

第1步 依次单击【公式】→【定义的名称】→【名称管理器】按钮，即可打开【名称管理器】对话框，在该对话框中可对名称进行新建、编辑和删除操作，如下图所示。

第2步 单击【新建】按钮，打开【新建名称】对话框，在【名称】文本框中输入"高珍珍报销总金额"，如右图所示。

第3步 单击【引用位置】文本框右侧的按钮，返回 Excel 2021 工作界面，选中需要被引用的单元格区域，此时在【新建名称 - 引用位置：】对话框中显示被选中的单元格区域，单击对话框中的按钮，如下图所示。

第4步 即可返回【新建名称】对话框，此时在【引用位置】文本框中显示该名称引用的单元格区域，单击【确定】按钮，如下图所示。

第5步 返回【名称管理器】对话框，在该对话框中显示自定义的名称"高珍珍报销总金额"，如下图所示。

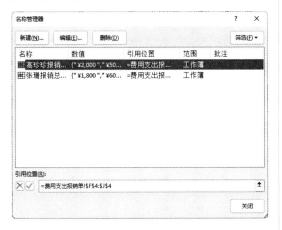

第6步 如果需要对自定义的名称进行修改，则先选中要修改的名称，然后单击【名称管理】中的【编辑】按钮，即可打开【编辑名称】对话框，在其中可进行名称及引用位置的修改。若是修改引用位置，可以按照上述操作重新引用单元格，如下图所示。

第7步 如果需要删除定义的名称，可以先选中该名称，然后单击【名称管理器】对话框中的【删除】按钮，如右上图所示。

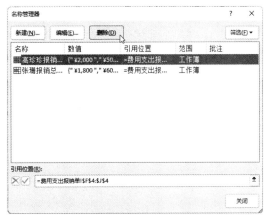

第8步 此时系统会弹出信息提示框，提示用户是否要删除该名称，单击【确定】按钮，如下图所示。

第9步 即可将选中的名称从【名称管理器】列表中删除，如下图所示。

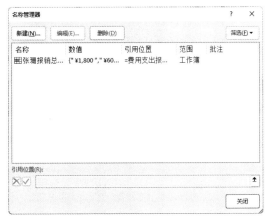

第10步 单击【名称管理器】中的【筛选】按钮，在弹出的下拉菜单中可以选择名称的筛选条件。当满足筛选条件时，【名称管理器】列表中将列出符合条件的名称，否则【名称管理器】列表为空。这里选择【有错误的名称】选项，如下图所示。

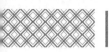

第11步 此时定义的名称中没有符合筛选条件的名称,则【名称管理器】列表为空,如右图所示。

5.5 审核计算公式是否正确

为了快速找出引用的单元格或输入了公式的单元格,或审核计算公式是否正确,可以使用 Excel 提供的审核功能。

5.5.1 显示公式

显示公式有两种方法:一种是双击单元格显示公式;另一种是使用 Excel 提供的显示公式功能。显示公式的具体操作步骤如下。

第1步 打开"素材\ch05\费用支出报销单.xlsx"工作簿,在 K3 单元格中计算 F3:J3 单元格区域的和,如下图所示。

第2步 选中单元格 K3,然后单击【公式】选项卡【公式审核】组中的【显示公式】按钮,如右图所示。

第3步 即可将该单元格使用的公式显示出来,如下图所示。

第4步 双击单元格 K3,也会将该单元格中的公式显示出来,如下图所示。

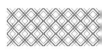

第5步 如果需要隐藏显示的公式，可以按【Enter】键或单击【公式审核】组中的【显示公式】按钮，即可将公式隐藏起来，只显示计算结果。

5.5.2 公式追踪

在 Excel 2021 中，如果需要查找引用的单元格，可以使用追踪功能来追踪引用的单元格或从属单元格。公式追踪的具体操作步骤如下。

第1步 选中单元格 K3，单击【公式审核】组中的【追踪引用单元格】按钮，如下图所示。

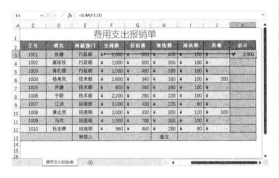

第2步 即可看到一个由单元格 F3 指向单元格 K3 的引用箭头，如下图所示。

第3步 如果需要取消箭头，只需单击【公式审核】组中的【删除箭头】按钮即可，如右上图所示。

第4步 从属单元格即引用过该单元格数据的单元格。若要追踪从属单元格，可选中单元格 F3，然后单击【公式审核】组中的【追踪从属单元格】按钮，如下图所示。

第5步 即可看到一个从单元格 F3 指向单元格 K3 的箭头，即单元格 F3 被单元格 K3 引用，如下图所示。

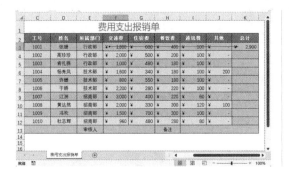

第6步 如果选中的单元格没有被其他单元格引用，则在单击【追踪从属单元格】按钮后，弹出信息提示框，提示未发现引用活动单元格的公式，如下图所示。

全年商品销量的计算

全年商品销量的计算对企业十分重要，它可以帮助企业有效地掌握这一年的销量情况，并通过数据分析，合理规划下一年的商品生产量。本案例将运用本章所学的相关知识，包括公式的输入、公式的复制及在公式中引用定义的名称等。

1. 创建工作簿

新建"全年销量统计表"工作簿，输入表格的内容，如下图所示。

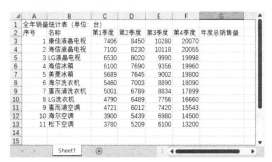

2. 计算销售总量

选中单元格区域C3:F3，自定义名称为"康佳液晶电视销售总量"，在公式中引用名称。选中单元格 G3，并输入公式"=SUM（康佳液晶电视销售总量）"，按【Enter】键确认公式的输入，即可自动计算出第一个产品的年度总销售量。接下来选中单元格 G4，并输入公式"=SUM（C4+D4+E4+F4）"，此时被引用

的单元格分别被选中。按【Enter】键确认公式的输入，即可自动计算出第二个产品的年度总销售量。最后复制公式，自动计算出其他产品的年度总销售量，如下图所示。

3. 美化表格

设置表格边框效果，适当调整行高和列宽，合并单元格区域 A1:G1，设置标题文字的字体、字号和颜色，设置背景填充效果，效果如下图所示。

			全年销量统计表（单位：台）				
序号	名称	第1季度	第2季度	第3季度	第4季度	年度总销售量	
1	康佳液晶电视	7406	8450	10280	20070	46206	
2	海信液晶电视	7100	8230	10118	20055	45503	
3	LG液晶电视	6530	8020	9990	19998	44538	
4	海信冰箱	6100	7690	9356	19960	43106	
5	美菱冰箱	5689	7645	9002	19800	42136	
6	海尔洗衣机	5460	7003	8890	18090	39443	
7	惠而浦洗衣机	5001	6789	8834	17899	38523	
8	LG洗衣机	4790	6489	7756	16660	35695	
9	惠而浦空调	4721	6012	7420	15543	33696	
10	海尔空调	3900	5439	6980	14500	30819	
11	松下空调	3780	5209	6100	13200	28289	

1. 按【Alt】键快速求和

除了输入公式求和以外，还可以按【Alt】键快速求和，从而提高计算效率。按【Alt】键快速求和的具体操作步骤如下。

第1步 打开"素材\ch05\费用支出报销单.xlsx"工作簿，如下图所示。

第2步 选中需要求和的单元格区域 F3:J3，按【Alt+=】组合键，然后按【Enter】键确认，即可自动在单元格 K3 中得出计算结果，如右上图所示。

2. 新功能：在 Excel 中使用动态数组

说到数组，很多用户会觉得麻烦，因为用到数组的地方，公式都相对比较复杂，并且还需要按【Ctrl+Shift+Enter】组合键一起输入。而 Excel 2021 提供了动态数组功能，只需要按【Enter】即可完成公式输入。

如需要在一列数中判断数的大小，如果大于等于 60，则返回这个数，否则返回 0。使用早期版本数组功能实现该操作的具体步骤如下。

第1步 选中 C2:C12 单元格区域，在编辑栏中输入公式"=IF(A2:A12>=60,A2:A12,0)"，如下图所示。

IF		✕ ✓ fx	=IF(A2:A12>=60,A2:A12,0)		
▲	A	B	C	D	E	F
1			数组		动态数组
2	98		=IF(A2:A12>=60,A2:A12,0)
3	86		
4	54		
5	48		
6	68		
7	72		
8	36		
9	24		
10	48		
11	59		
12	60		
13			

第2步 按【Ctrl+Shift+Enter】组合键，即可在 C2:C12 单元格区域显示计算结果，可以看到公式前后会增加大括号"{}"，如下图所示。

C12		✕ ✓ fx	{=IF(A2:A12>=60,A2:A12,0)}		
▲	A	B	C	D	E	F
1			数组		动态数组
2	98		98
3	86		86
4	54		0
5	48		0
6	68		68
7	72		72
8	36		0
9	24		0
10	48		0
11	59		0
12	60		60
13			

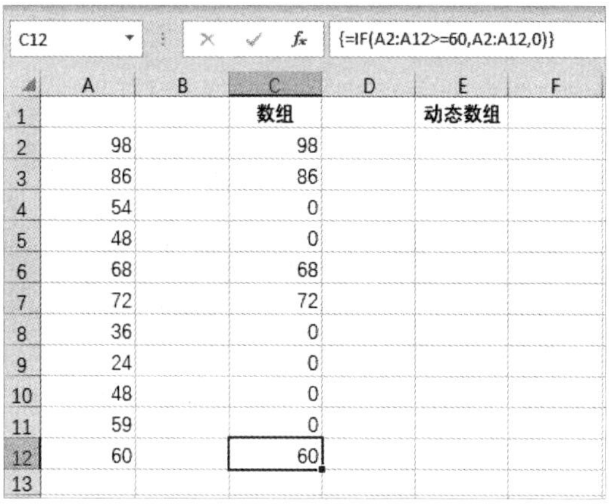

　　在数组公式中需要注意三个问题：一是公式在输入前，必须先确定范围，必须圈定与返回数组一样大小的单元格区域；二是必须按【Ctrl+Shift+Enter】组合键输入公式；三是如果要删除或修改公式，必须选中整个结果区域一起操作。

　　在 Excel 2021 中，使用动态数组可以自动计算所需的单元格区域，并自动扩展至合适的区域大小，具体操作步骤如下。

第1步 选中 E2 单元格区域，在编辑栏中输入公式 "=IF(A2:A12>=60,A2:A12,0)"，如右上图所示。

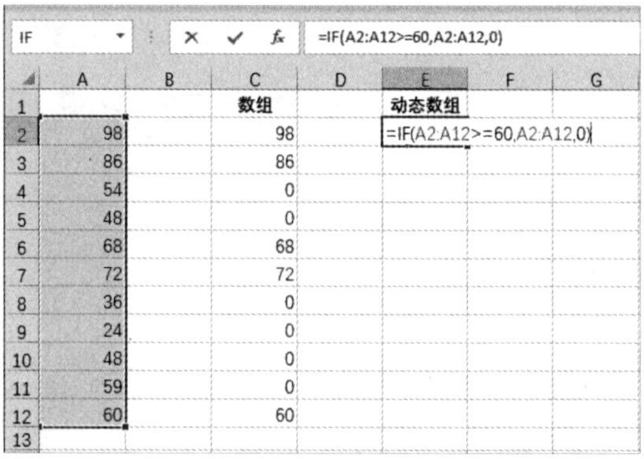

IF		✕ ✓ fx	=IF(A2:A12>=60,A2:A12,0)			
▲	A	B	C	D	E	F	G
1			数组		动态数组
2	98		98		=IF(A2:A12>=60,A2:A12,0)
3	86		86
4	54		0
5	48		0
6	68		68
7	72		72
8	36		0
9	24		0
10	48		0
11	59		0
12	60		60
13			

第2步 按【Ctrl+Shift+Enter】组合键，即可在 E2:E12 单元格区域显示计算结果，可以看到公式前后不会增加大括号"{}"，如下图所示。

E2		✕ ✓ fx	=IF(A2:A12>=60,A2:A12,0)		
▲	A	B	C	D	E	F
1			数组		动态数组
2	98		98		98
3	86		86		86
4	54		0		0
5	48		0		0
6	68		68		68
7	72		72		72
8	36		0		0
9	24		0		0
10	48		0		0
11	59		0		0
12	60		60		60
13			

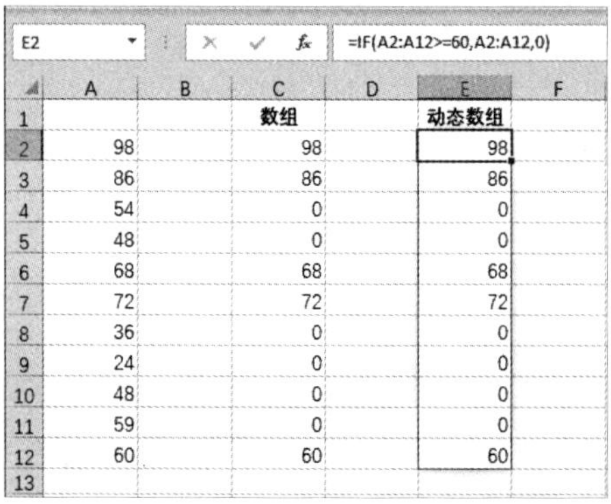

　　提示：可以看到整个动态数组返回的区域被加上了一个边框，说明它们是一个整体，并且 E2 单元格中的公式在编辑栏中显示为黑色，可被编辑，而 E2:E12 单元格区域中的公式在编辑栏中显示为灰色，不可被编辑，如下图所示。

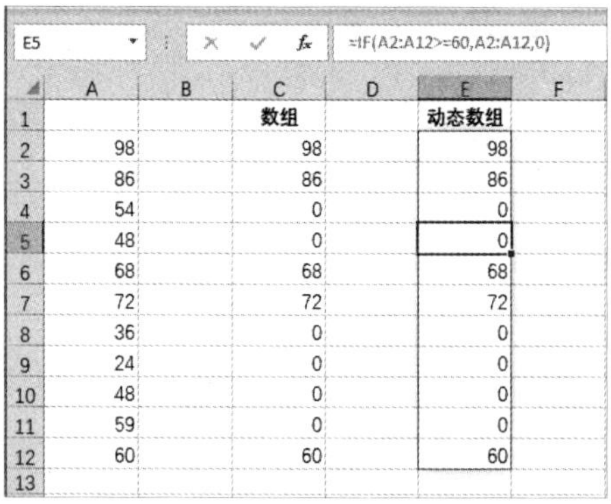

E5		✕ ✓ fx	=IF(A2:A12>=60,A2:A12,0)		
▲	A	B	C	D	E	F
1			数组		动态数组
2	98		98		98
3	86		86		86
4	54		0		0
5	48		0		0
6	68		68		68
7	72		72		72
8	36		0		0
9	24		0		0
10	48		0		0
11	59		0		0
12	60		60		60
13			

第3步 在 A1 单元格中输入"成绩"，选中 A1:A12 单元格区域，单击【插入】选项卡【表格】

组中的【表格】按钮，如下图所示。

第4步 弹出【创建表】对话框，单击【确定】按钮，如下图所示。

第5步 此时，可以将 A1:A12 单元格区域转变为超级表，在 A13 单元格中输入"85"，可以看到 E 列的数组会动态扩充，如下图所示。

如果在自动扩展区域时，区域内的单元格被占用，则会返回"#SPILL!"错误；在超级表中使用动态数组公式，同样会返回"#SPILL!"错误。

第6章
复杂数据的处理技巧——
函数

本章导读

　　通过对本章内容的学习，读者将对函数有一个全面的了解。本章首先介绍函数的基本概念和输入方法，其次通过常见函数的使用来具体解析各个函数的功能，最后通过案例综合运用相关函数，为读者熟练使用函数奠定坚实的基础。

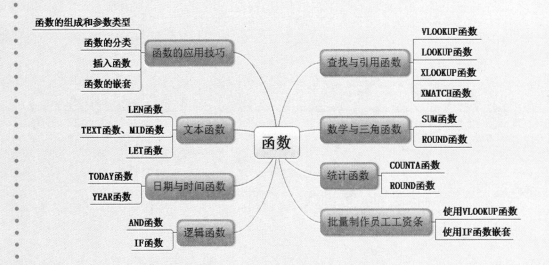

 6.1 公司员工工资薪酬表

企业的发展和薪酬的管理相辅相成。一般情况下，员工工资薪酬表是由人力资源部门来制作的，该表主要包括基本工资、津贴福利、本月奖金、补贴及代扣代缴保险个税等内容。

6.1.1 案例概述

1. 格式统一

区分标题字体和表格内的字体，统一表格内字体的样式（包括字体、字号、字体颜色等），否则表格内容会显得杂乱。

2. 美化表格

在员工工资薪酬表制作完成后，还需要对其进行美化操作，使其看起来更加美观。美化表格包括设置边框、调整行高列宽、设置标题、设置对齐方式等内容。

3. 正确使用公式

在计算员工工资薪酬表中的应发工资、代缴个税和实发工资时，应注意公式和函数的正确使用，避免输入错误的数据。

6.1.2 设计思路

制作员工工资薪酬表时可以按以下思路进行。

（1）输入表格标题及具体内容。

（2）设置边框和填充效果、调整列宽和行高。

（3）设置文本对齐方式，并统一格式。

（4）合并单元格并设置标题效果。

（5）使用函数计算工作表中的应发工资、代缴个税和实发工资。

6.1.3 涉及知识点

本案例主要涉及以下知识点。

（1）插入函数。

（2）使用函数计算相关数据。

6.2 函数的应用技巧

Excel 函数实际上就是已经定义好的公式，它不仅可以使复杂的数学表达式简单化，还可以获得一些特殊的数据。灵活调用 Excel 中的函数，可以帮助用户提高分析和处理数据的效率。

6.2.1　函数的组成和参数类型

在 Excel 中，一个完整的函数式通常由标识符、函数名和函数参数 3 个部分构成。

1.　标识符

在单元格中输入函数时，必须先输入"="，这个"="被称为函数的标识符。如果不输入"="，Excel 通常会将输入的函数式作为文本处理，不返回运算结果。如果输入"+"或"－"，Excel 也可以返回函数式的计算结果，但确认输入后，Excel 会在函数式的前面自动添加标识符"="。

2.　函数名称

函数标识符后的英文是函数名称。大多数函数名称对应英文单词的缩写，有些函数名称是由多个英文单词（或缩写）组合而成的。例如，条件计数函数 COUNTIF 由计数 COUNT 和条件 IF 组成。

3.　函数参数

函数参数主要有以下几种类型。

（1）常量。主要包括数值（如 123.45）、文本（如计算机）、日期（如 2022-1-20）等。

（2）逻辑值。主要包括逻辑真（TRUE）、逻辑假（FALSE）及逻辑判断表达式（如单元格 A1 不等于空表示为"A1<>()"）的结果等。

（3）单元格引用。主要包括单个单元格的引用和单元格区域的引用。

（4）名称。在工作簿文档的各个工作表中自定义的名称，可以作为本工作簿内的函数参数直接引用。

（5）其他函数式。用户可以将一个函数式的返回结果作为另一个函数式的参数，这种形式的函数式通常称为"函数嵌套"。

（6）数组参数。可以是一组常量（如 2，4，6），也可以是单元格区域的引用。如果一个函数涉及多个参数，则用英文状态下的逗号将每个参数隔开。

6.2.2　函数的分类

Excel 2021 提供了丰富的内置函数，可分为 13 类，各类函数的功能描述如下表所示。

Excel 2021 函数的分类及功能介绍

函数类型	功能简介
财务函数	进行一般的财务计算
日期和时间函数	可以分析和处理日期及时间
数学与三角函数	可以在工作表中进行简单的计算
统计函数	对数据区域进行统计分析
查找与引用函数	在数据清单中查找特定数据或查找一个单元格引用
数据库函数	分析数据清单中的数值是否符合特定条件
文本函数	在公式中处理字符串
逻辑函数	进行逻辑判断或复合检验
信息函数	确定存储在单元格中的数据的类型
工程函数	进行工程分析
多维数据集函数	从多维数据库中提取数据集和数值
兼容函数	这些函数已被新函数替换，新函数可以提供更高的精确度，且名称能更好地反映其用法
Web 函数	通过网页链接直接用公式获取数据

6.2.3 插入函数

在工作表中插入函数时可以使用函数向导，具体操作步骤如下。

第1步 打开"素材 \ch06\ 销量统计表 .xlsx"工作簿，如下图所示。

第2步 选中单元格 F3，依次单击【公式】→【函数库】→【插入函数】按钮或按【Shift+F3】

组合键，如下图所示。

第3步 打开【插入函数】对话框，在【或选择类别】下拉列表中选择【常用函数】选项，在【选择函数】列表中选择【SUM】选项，如下图所示。

第4步 单击【确定】按钮，即可打开【函数参数】对话框，并且在【Number1】文本框中自动显示求和函数引用的单元格区域"C3:E3"，单击【确定】按钮，如下图所示。

第5步 在选中的单元格中得出计算结果，如下图所示。

第6步 按照相同的方法在单元格 F4 中插入相同的函数，求出第二季度的销售总额，如下图所示。

6.2.4 重点：函数的嵌套

函数的嵌套是指将一个函数的返回结果作为另一个函数的参数，在 Excel 2021 中进行函数嵌套的具体操作步骤如下。

第1步 打开"销量统计表 .xlsx"工作簿，选中单元格 C5，如下图所示。

第2步 依次单击【公式】→【函数库】→【插入函数】按钮，打开【插入函数】对话框，在【或选择类别】下拉列表中选择【统计】选项，在【选择函数】列表中选择【AVERAGE】选项，如下图所示。

第3步 单击【确定】按钮，打开【函数参数】对话框，在【Number1】文本框中输入第一个参数"SUM(C3:E3)"，在【Number2】文本框中输入第二个参数"SUM(C4:E4)"，如右上图所示。

第4步 单击【确定】按钮，在选中的单元格中计算出季度平均销售额，如下图所示。

6.3 文本函数

文本函数是用来处理文本字符串的函数，使用文本函数可以转换字符的大小写、合并字符串及返回特定的值等。文本函数较多，下面以常用的 LEN 函数和 TEXT 函数为例进行说明。

6.3.1 重点：LEN 函数——从身份证号码中提取性别信息

在员工基本信息统计表的制作过程中，可利用 LEN 函数从输入的员工身份证号码中提取性别信息，具体操作步骤如下。

第1步 打开"素材 \ch06\ 员工基本信息统计表 .xlsx"工作簿，如右图所示。

第2步 选中单元格 H3，并输入公式"=IF(LEN(F3)=15, IF(MOD(MID(F3, 15,1),2)=1," 男 "," 女 "),IF(MOD(MID(F3,17,1),2)=1," 男 "," 女 "))"，如下图所示。

第4步 选中单元格 H3，将鼠标指针移到其右下角，当指针变成 + 形状时，按住鼠标左键向下拖动至单元格 H12，完成公式的复制，如下图所示。

第3步 按【Enter】键确认输入，在选中的单元格中提取出第一位员工的性别信息，如下图所示。

| 提示 |

本小节主要使用的函数为 LEN，其介绍如下。

基本功能：计算目标字符中的字符数。

格式：LEN (text)。

参数说明：text 是目标字符串。

6.3.2 重点：TEXT 函数、MID 函数——从身份证号码中提取出生日期

除了从输入的员工身份证号码中提取性别信息以外，还可以使用 TEXT 函数、MID 函数提取出生日期等有效信息。从身份证号码中提取出生日期的具体操作步骤如下。

第1步 打开"员工基本信息统计表"工作簿，并选中单元格 G3，如下图所示。

第2步 在单元格 G3 中输入公式"=TEXT(MID(F3,7,6+(LEN(F3)=18)*2),"#-00-00")"，如下图所示。按【Enter】键完成输入，即可提取出第一位员工的出生日期。

第3步 使用填充柄将单元格 G3 中的公式复制到后续单元格中,从而提取出其他员工的出生日期信息,如右图所示。

| 提示 |

本小节主要运用的函数有 TEXT、MID,其相关介绍如下。

TEXT 函数

基本功能:将数值转换为按指定格式表示的文本函数。

格式:TEXT(value,format_text)。

参数说明:value 可以是数值、计算结果为数值的公式或对数值单元格的引用;format_text 是所要选用的文本格式。

MID 函数

基本功能:在目标字符串中指定一个开始位置,按设定的数值返回该字符串中相应数目的字符内容。

格式:MID(text,start_num,num_chars)。

参数说明:text 是目标字符串;start_num 是字符串中开始的位置; num_chars 是设定的数目,MID 函数将按此数目返回相应的字符个数。

6.3.3 新功能:使用 LET 函数将计算结果分配给名称

LET 函数能够在计算结果中分配名称,若要在 Excel 2021 中使用 LET 函数,需定义名称 / 关联值对,再定义一个使用所有项的计算。需要注意的是,LET 函数必须至少定义一个名称 / 值对(变量),LET 最多支持 126 对值对。

LET 函 数 的 格 式 为 =LET(name1,name_value1,calculation_or_name2,[name_value2,calculation_or_name3...]),详细参数介绍如下表所示。

参数	说明
name1 (必需)	要分配的第一个名称,必须以字母开头
name_value1 (必需)	分配给 name1 的值
calculation_or_name2 (必需)	下列任一项: • 使用 LET 函数中的所有名称的计算,必须是 LET 函数中的最后一个参数 • 分配给第二个 name_value 的第二个名称。如果指定了名称,则 name_value2 和 calculation_or_name3 是必需的

续表

参数	说明
name_value2 （可选）	分配给 calculation_or_name2 的值
calculation_or_ name3 （可选）	下列任一项： · 使用 LET 函数中的所有名称的计算，LET 函数中的最后一个参数必须是一个计算 · 分配给第三个 name_value 的第三个名称，如果指定了名称，则 name_value3 　和 calculation_or_name4 是必需的

第1步 选中 A1 单元格，输入公式"=LET(x,2,y, 3,x *y)"，如下图所示。

第2步 按【Enter】键，即可显示计算结果 6，如下图所示。

6.4 日期与时间函数

　　日期与时间函数用于分析、处理日期和时间值。本节以常用的 TODAY 函数、YEAR 函数为例进行说明。

6.4.1 重点: TODAY 函数——显示填写报表的日期

　　TODAY 函数用于返回当前系统显示的日期。当需要获取当前日期时，就可以使用 TODAY 函数，具体操作步骤如下。

第1步 打开"员工基本信息统计表"工作簿，选中单元格 J13，如下图所示。

第2步 单击编辑栏中的【插入函数】按钮 f_x，打开【插入函数】对话框，在【或选择类别】下拉列表中选择【日期与时间】选项，在【选择函数】列表中选择【TODAY】选项，如下图所示。

第3步 单击【确定】按钮，打开【函数参数】对话框，并提示用户该函数不需要参数，单击【确定】按钮，如下图所示。

期，如下图所示。

第4步 即可在工作表中获取当前系统显示的日

6.4.2 重点：YEAR 函数——计算年龄

员工年龄可由 YEAR 函数计算得出，即当前系统的日期减去出生日期。使用 YEAR 函数计算员工年龄的具体操作步骤如下。

第1步 打开"员工基本信息统计表"工作簿，并选中单元格 I3，然后单击编辑栏左侧的【插入函数】按钮 fx，如下图所示。

第2步 打开【插入函数】对话框，在【或选择类别】下拉列表中选择【日期与时间】选项，在【选择函数】列表中选择【YEAR】选项，单击【确定】按钮，如下图所示。

第3步 打开【函数参数】对话框，在【Serial_number】文本框中输入"Now（）"，如下图所示。

第4步 单击【确定】按钮，即可在选中的单元格中显示当前系统的年份为"2022"，并且在编辑栏中显示使用的公式，如下图所示。

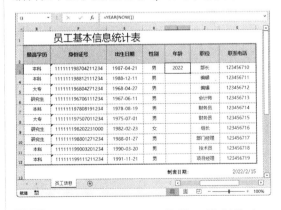

第5步 双击单元格 I3，使其处于编辑状态，然后在该单元格中继续输入完整的公式"=YEAR(NOW())-YEAR(G3)"，如下图所示。

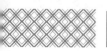

式，计算出其他员工的年龄，如下图所示。

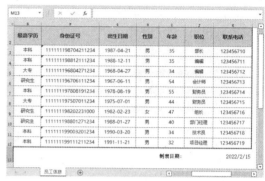

第6步 按【Enter】键确认输入，即可在选中的单元格中计算出第一位员工的年龄，并复制公

6.5 逻辑函数

逻辑函数用来进行逻辑判断或复合检验，逻辑值包括真（TRUE）和假（FALSE）。

6.5.1 重点：使用 AND 函数判断员工是否完成工作任务

AND 为返回逻辑值函数，如果所有的参数值均为逻辑"真（TRUE）"，则返回逻辑"真（TRUE）"，反之返回逻辑"假（FALSE）"。该函数的相关介绍如下。

格式：AND(logical1,logical2,…)。

参数：logical1,logical2,…表示待测试的条件值或表达式，最多为 255 个。

使用 AND 函数判断员工是否完成工作任务的具体操作步骤如下。

第1步 打开"素材 \ch06\ 员工销售业绩表 .xlsx"工作簿，如下图所示。

E3>15000)"，如下图所示，按【Enter】键确认输入，即可返回判断结果。

第2步 根据表格的备注信息，在单元格 F3 中输入公式"=AND（B3>15000,C3>15000,D3>15000,

第3步 使用快速填充功能，判断其他员工工作任务的完成情况，如下图所示。

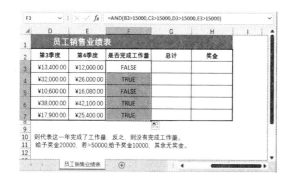

提示

上述公式输入的 4 个参数需要同时作为 AND 函数的判断条件，只有同时成立，才能返回 TRUE，否则返回 FALSE。

6.5.2 重点：使用 IF 函数计算业绩提成奖金数额

IF 函数是根据指定的条件来判断真假，并返回相应的内容。该函数的相关介绍如下。

格式：IF(logical,value_if_true,value_if _false)。

参数：logical 代表逻辑判断表达式；value_if_true 表示当判断条件为逻辑"真"（TRUE）时的显示内容，如果忽略此参数，则返回"0"；value_if_false 表示当判断条件为逻辑"假"（FALSE）时的显示内容，如果忽略，则返回"FALSE"。

使用 IF 函数计算员工业绩提成奖金数额的具体操作步骤如下。

第1步 打开"员工销售业绩表"工作簿，选中单元格 G3，如下图所示。

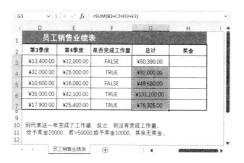

第2步 选中单元格区域 G3:G7，输入公式"=SUM(B3+C3+D3+E3)"，按【Ctrl+Enter】组合键完成输入，即可计算出员工的销售业绩总额。

第3步 根据表格中的备注信息，使用 IF 函数计算奖金。选中单元格 H3，并输入公式"=IF(G3>100000,20000,IF(G3>50000,10000,0))"，如下图所示。

第4步 按【Enter】键完成输入，并利用快速填充功能，计算出其他员工的业绩提成奖金，如下图所示。

6.6 查找与引用函数

Excel 2021 提供的查找和引用函数可以在单元格区域内查找或引用满足条件的数据，特别是在数据比较多的工作表中，用户不需要指定具体的数据位置，这可以让单元格数据的操作变得更加灵活。

6.6.1 重点：使用 VLOOKUP 函数从另一个工作表中提取数据

用户如果需要在多张表格中输入相同的信息，逐个输入会很烦琐，而且可能会造成数据错误，这时可以使用 VLOOKUP 函数从工作表中提取数据，可以简化输入工作。使用 VLOOKUP 函数从工作表中提取数据的具体操作步骤如下。

第1步 打开"素材 \ch06\ 销售业绩表 .xlsx"工作簿，如下图所示。

	A	B	C	D	E	F
1	工号	姓名	性别	年龄	学历	所属部门
2	1001	刘一	女	23	本科	行政部
3	1002	陈二	女	35	大专	行政部
4	1003	张三	男	26	本科	行政部
5	1004	李四	女	22	大专	技术部
6	1005	王五	女	28	研究生	技术部
7	1006	赵六	男	21	本科	技术部
8	1007	孙七	男	23	本科	财务部
9	1008	周八	男	24	研究生	财务部

第2步 单击工作表标签"销售业绩"，进入"销售业绩"工作表中，选中单元格 B2，单击编辑栏中的【插入函数】按钮，如下图所示。

	A	B	C	D	E	F
1	工号	姓名	1月份	2月份	3月份	总计
2	1001		¥12,080.00	¥9,650.00	¥12,040.00	¥33,770.00
3	1002		¥16,500.00	¥11,260.00	¥10,670.00	¥38,430.00
4	1003		¥18,900.00	¥12,590.00	¥16,500.00	¥47,990.00
5	1004		¥23,000.00	¥9,000.00	¥16,700.00	¥48,700.00
6	1005		¥31,000.00	¥24,800.00	¥21,700.00	¥77,500.00
7	1006		¥17,860.00	¥13,707.00	¥15,400.00	¥46,967.00
8	1007		¥37,800.00	¥25,400.00	¥28,700.00	¥91,900.00
9	1008		¥9,870.00	¥11,490.00	¥16,780.00	¥38,140.00
10		总计				¥423,397.0

第3步 打开【插入函数】对话框，在【或选择类别】下拉列表中选择【查找与引用】选项，

然后在【选择函数】列表中选择【VLOOKUP】选项，如下图所示。

第4步 单击【确定】按钮，打开【函数参数】对话框，在【Lookup_value】文本框中输入"员工基本信息"工作表中的单元格"A2"，在【Table_array】文本框中输入"员工基本信息!A2:B9"，在【Col_index_num】文本框中输入"2"，单击【确定】按钮，如下图所示。

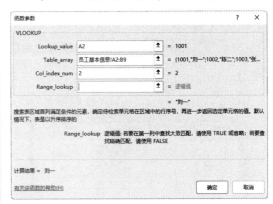

第5步 即可在单元格 B2 中显示工号为"1001"的员工姓名"刘一"，如下图所示。

对应的员工姓名信息，如下图所示。

第6步 利用快速填充功能，提取其他员工工号

6.6.2　重点：使用 LOOKUP 函数从向量数组中查找一个值

　　LOOKUP 函数分为向量型查找和数组型查找。在一列或一行中查找某个值，称为向量型查找；在数列或数行中查找，称为数组型查找。有关向量型查找和数组型查找的相关介绍如下。

1.　向量型查找

　　格式：LOOKUP(lookup_value,lookup_vector,result_vector)。

　　参数：lookup_value 为必需参数，是 LOOKUP 在第一个向量中搜索的值。lookup_value 可以是数字、文本、逻辑值、名称或对值的引用。

　　lookup_vector 为必需参数，只包含一行或一列的区域。lookup_vector 的值可以是文本、数字或逻辑值。

　　result_vector 为可选参数，只包含一行或一列的区域。result_vector 参数必须与 lookup_vector 大小相同。

2.　数组型查找

　　格式：LOOKUP(lookup_value,array)。

　　参数：lookup_value 为必需参数，是 LOOKUP 在数组中搜索的值。lookup_value 可以是数字、文本、逻辑值、名称或对值的引用。

　　array 是必需参数，包含要与 lookup_value 进行比较的数字、文本或逻辑值的单元格区域。

　　使用 LOOKUP 函数查找各员工的销售额，具体操作步骤如下。

第1步 打开"销售业绩"工作表，如下图所示。

第2步 选中单元格 D12，并输入公式"=LOOKUP(B12,A2:F10)"，然后按【Enter】键确认输入，即可检索出员工工号为"1005"的员工的销售总额，如下图所示。

> **提示**
>
> 　　使用向量型查找时，在单元格 D12 中输入的公式为"=LOOKUP(B12,A2:A10，F2:F10)"。

6.6.3 新功能：使用 XLOOKUP 函数查找员工的工资

使用 XLOOKUP 函数可以按行查找表格或区域内容，并返回同一行的另一列中的结果。

XLOOKUP 函数可以搜索区域或数组，然后返回它找到的第一个匹配项的项。如果不存在匹配项，则 XLOOKUP 可以返回最接近（匹配）值。

XLOOKUP 格式：=XLOOKUP(lookup_value, lookup_array, return_array, [if_not_found], [match_mode], [search_mode])

参数	说明
lookup_value （必需）	要搜索的值。如果省略，XLOOKUP 将返回它在 lookup_array 中查找的空白 lookup_array
lookup_array （必需）	要搜索的数组或区域
return_array （必需）	要返回的数组或区域
[if_not_found] （必需）	如果未找到有效的匹配项，则返回你设定的 if_not_found 的 [if_not_found] 文本； 如果未找到有效的匹配项，并且缺少 [if_not_found] 文本，则返回 #N/A
[match_mode] （必需）	指定匹配类型： 0：完全匹配。如果未找到，则返回 #N/A，这是默认选项 -1：完全匹配。如果没有找到，则返回下一个较小的项 1：完全匹配。如果没有找到，则返回下一个较大的项 2：通配符匹配，其中 *，? 和 ~ 有特殊含义
[search_mode] （必需）	指定要使用的搜索模式： 1：从第一项开始执行搜索，这是默认选项 -1：从最后一项开始执行反向搜索 2：执行依赖于 lookup_array 按升序排序的二进制搜索，如果未排序，将返回无效结果 2：执行依赖于 lookup_array 按降序排序的二进制搜索，如果未排序，将返回无效结果

在工作表表格中，需要根据员工的编号查找员工的工资，具体操作步骤如下。

第1步 打开"素材 \ch06\ 销售业绩表 .xlsx"工作簿，选中 H3 单元格，如下图所示。

第2步 输入公式"=XLOOKUP(G3,A3:A10,D3: D10)"，如右上图所示。

第3步 按【Enter】键，即可显示员工编号为"LM-02"的员工的工资，如下图所示。

第4步 在 G3 单元中更改编号为"LM-07"，H3 单元格中的值会随之改变，如右图所示。

	工资表						
编号	姓名	部门	工资			编号	工资
LM-01	周明明	销售部	￥ 3,500.00			LM-07	￥3,400.00
LM-02	张小杰	办公室	￥ 3,150.00				
LM-03	乔小娜	策划部	￥ 4,100.00				
LM-04	雷斌	销售部	￥ 3,950.00				
LM-05	吴芳芳	销售部	￥ 3,600.00				
LM-06	邢冬冬	办公室	￥ 2,900.00				
LM-07	李磊	策划部	￥ 3,400.00				
LM-06	王青	销售部	￥ 3,580.00				

6.6.4 新功能：使用 XMATCH 函数统计获得奖励的员工数量

XMATCH 函数的格式：=XMATCH (lookup_value,lookup_array,[match_mode],[search_mode])。详细介绍如下表所示。

参数	说明
lookup_value（必需）	查找值
lookup_array（必需）	要搜索的数组或区域
[match_mode]（可选）	指定匹配类型： 0：默认值（完全） −1：完全匹配或下一个最小项 1：完全匹配或下一个最大项 2：通配符匹配，其中 *、? 和 ~ 有特殊含义
[search_mode]（可选）	指定搜索类型： 1：默认搜索（搜索） −1：搜索倒序搜索（搜索） 2：执行依赖于 lookup_array 按升序排序的二进制搜索，如果未排序，将返回无效结果 2：执行依赖于 lookup_array 按降序排序的二进制搜索，如果未排序，将返回无效结果

销售业绩表记录了每位员工的月销售额，只有月销售额大于 100000 的员工才能获得奖励，现在要统计能够获得奖励的员工数量，具体操作步骤如下。

第1步 打开"素材 \ch06\ 员工月销售额统计表 .xlsx"工作簿，选中 G4 单元格，如下图所示。

员工编号	姓名	所属部门	月销售额		奖励起始销售额	￥100,000.00
001	陈一	市场部	￥490,000.00			
002	王二	研发部	￥160,000.00			
003	张三	研发部	￥41,000.00		获得奖励员工数量	
004	李四	研发部	￥100,000.00			
005	钱五	研发部	￥40,000.00			
006	赵六	研发部	￥190,000.00			
007	钱七	研发部	￥40,000.00			
008	张八	办公室	￥40,000.00			
009	周九	办公室	￥160,000.00			

第2步 输入公式"=XMATCH(G1,D2:D10,1)"，如下图所示。

员工编号	姓名	所属部门	月销售额		奖励起始销售额	￥100,000.00
001	陈一	市场部	￥490,000.00			
002	王二	研发部	￥160,000.00			
003	张三	研发部	￥41,000.00		获得奖励员工数量	=XMATCH(G1,D2:D10,1)
004	李四	研发部	￥100,000.00			
005	钱五	研发部	￥40,000.00			
006	赵六	研发部	￥190,000.00			
007	钱七	研发部	￥40,000.00			
008	张八	办公室	￥40,000.00			
009	周九	办公室	￥160,000.00			

第3步 按【Enter】键，即可计算出月销售额大于 100000 的员工数量，如下图所示。

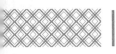

6.7 数学与三角函数

Excel 2021 中包含许多数学函数和三角函数，每个函数的用途都不同，在一些较为复杂的数学运算中，使用这些函数可以提高运算速度，同时也能丰富运算方法。

6.7.1 重点：使用 SUM 函数对应发工资进行求和

SUM 函数主要用于求和，使用 SUM 函数对应发工资进行求和的具体操作步骤如下。

第1步 打开"素材 \ch06\ 员工工资薪酬表 .xlsx"工作簿，如下图所示。

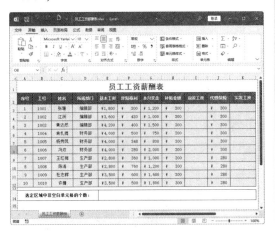

第2步 选中单元格 I3，并输入公式"=SUM（E3:H3）"，按【Enter】键完成输入，即可计算出第一位员工的应发工资；然后复制公式，计算出其他员工的应发工资，如下图所示。

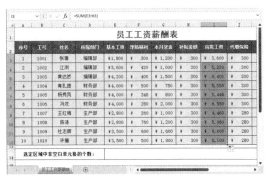

6.7.2 重点：使用 ROUND 函数对小数进行四舍五入

ROUND 函数用来对数值进行四舍五入，其语法和参数说明如下。

格式：ROUND(number, num_digits)。

参数：number 表示需要进行四舍五入的数值。

num_digits ＞ 0 时，表示取小数点后对应位数的四舍五入数值；num_digits=0 时，表示将数字四舍五入到最接近的整数；num_digits ＜ 0 时，表示对小数点左侧前几位进行四舍五入。使用 ROUND 函数将表中的数值进行四舍五入的具体操作步骤如下。

第1步 启动 Excel 2021，新建一个空白工作簿，在新工作表中输入如下图所示的参数。

第2步 选中单元格 C2，并输入公式"=ROUND(A2,B2)"，然后按【Enter】键完成输入，即

可返回该小数取整后的计算结果。使用快速填充功能，计算出该小数保留指定位数后的四舍五入结果，如下图所示。

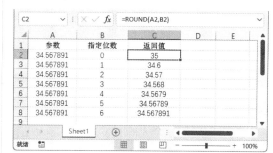

6.8 统计函数

统计函数是从各个角度去分析数据并捕捉数据所有特征的函数。使用统计函数能够大大缩短工作时间，提高工作效率。本节将以 COUNTA 函数、MAX 函数和 ROUND 函数为例进行说明。

6.8.1 重点：使用 COUNTA 函数计算指定区域中非空白单元格的个数

COUNTA 函数的相关介绍如下。

格式：COUNTA(value1,[value2], …)。

参数：value1 为必需参数，表示要计算的值的第一个参数；value2, … 为可选参数，表示要计算的值的其他参数，最多可包含 255 个参数。

使用 COUNTA 函数统计"员工工资薪酬表"工作表中非空白单元格的个数，具体操作步骤如下。

第1步 打开"员工工资薪酬表"工作表，选中单元格 E14，如右图所示。

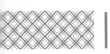

第2步 输入公式"=COUNTA(A2:K12)",按【Enter】键完成输入,即可计算出选定区域中非空白单元格为121个,如右图所示。

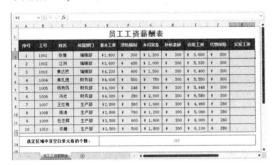

6.8.2　重点:使用 ROUND 函数计算员工的实发工资

一般情况下,个人的实发工资是应发工资减去代缴保险和代缴个人所得税金额后的余额。计算出员工的应发工资和个人所得税金额后,就可以使用 ROUND 函数计算员工的实发工资,具体操作步骤如下。

第1步 打开"员工工资薪酬表"工作簿,选中单元格 K3,如下图所示。

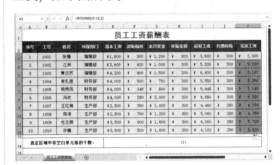

第2步 输入公式"=ROUND(I3-J3,2)",按【Enter】键完成输入,计算出第一位员工的实发工资,然后利用快速填充功能计算出其他员工的实发工资,如下图所示。

6.9 批量制作员工工资条

员工工资薪酬表制作完成后,人力资源部门还需要为每个员工制作工资条,该工资条是发给员工的发薪凭证。批量制作员工工资条的方法有多种,下面将介绍如何使用 VLOOKUP 函数和 IF 函数来制作员工工资条。

6.9.1　重点:使用 VLOOKUP 函数批量制作工资条

在使用 VLOOKUP 函数批量制作工资条时,用到了 COLUMN 函数,该函数用于返回目标单元格或单元格区域的序列号,其相关介绍如下。

格式：COLUMN (reference)。

参数：reference 为目标单元格或单元格区域。

使用 VLOOKUP 函数批量制作工资条的具体操作步骤如下。

第1步 打开"员工工资薪酬表 .xlsx"工作簿，并新建一个"VLOOKUP 函数法"工作表，如下图所示。

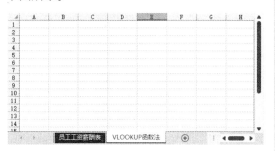

第2步 将"员工工资薪酬表"工作表中的单元格区域 A1:K2 中的内容复制后粘贴到"VLOOKUP 函数法"工作表中，并适当调整列宽，如下图所示。

第3步 在"VLOOKUP 函数法"工作表中选中单元格 A3，并输入"1"，如下图所示。

第4步 在当前工作表中选中单元格 B3，输入公式"=VLOOKUP($A3,员工工资薪酬表!$A$3:$K$12,COLUMN(),0)"，然后按【Enter】键完成输入，此时在单元格 B3 中将显示第一位员工的工号"1001"，如下图所示。

第5步 选中单元格 B3，将鼠标指针移到其右下角，当指针变成 ✚ 形状时，按住鼠标左键不放并向右拖动至单元格 K3，释放鼠标左键，即可在后续单元格中自动填充该员工的其他信息，如下图所示。

第6步 设置边框。选中单元格区域 A3:K3，单击【开始】选项卡下【字体】组中的【所有边框】按钮田，如下图所示。

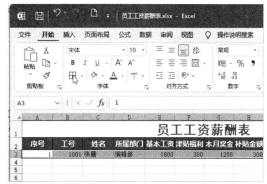

第7步 为选中的单元格区域设置边框，并设置数据居中对齐，效果如下图所示。

第8步 选中单元格区域 A2:K4，并将鼠标指针移到选中单元格区域的右下角，当指针变成 **+** 形状时，按住鼠标左键不放，向下拖动至单元

格第 31 行，然后释放鼠标左键，即可完成工资条的批量制作，如下图所示。

6.9.2　重点：使用 IF 函数嵌套批量制作工资条

在使用 IF 函数嵌套批量制作工资条时用到了 MOD 函数、ROW 函数和 INDEX 函数。

（1）MOD 函数：求解目标数值除以指定数后的余数，余数的符号和除数相同。

结构：MOD (number,divisor)。

参数：number 为目标数值；divisor 为指定数，并作为除数。

（2）ROW 函数：返回目标单元格或目标单元格区域的行序号，该函数的功能和 COLUMN 函数的功能相反，前者是返回行序号，后者是返回列序号。

结构：ROW (reference)。

参数：reference 为目标单元格或单元格区域。

（3）INDEX 函数：返回单元格或单元格区域中的值或值的引用。函数 INDEX 有两种形式：数组形式和引用形式。

结构：INDEX(array,row_num,column_num)。

参数：array 为单元格区域或数组常量，row_num 为数组中某行的行号，函数从该行返回数值。如果省略 row_num，则必须有 column_num。column_num 为数组中某列的列标，函数从该列返回数值。如果省略 column_num，则必须有 row_num。

使用 IF 函数嵌套批量制作工资条的具体操作步骤如下。

第1步 打开"员工工资薪酬表"工作簿，新建一个工作表，将其命名为"IF 函数法"，如下图所示。

第2步 编辑 IF 嵌套公式。选中单元格 A1，输入公式"=IF(MOD(ROW(),3)=0,"",IF(MOD (ROW(),3)=1,员工工资薪酬表 !A\$2,INDEX（员工工资薪酬表 !\$A:\$L,(ROW()+4)/3+1,COLUMN()))))"，按【Enter】键完成输入，即可在选中的单元格中输出结果"序号"，如下图所示。

第3步 选中单元格 A1，利用自动填充功能向右复制公式至单元格 K1，即可得出表格中的其他各个项目名称，如下图所示。

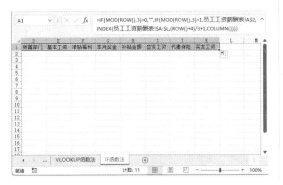

第4步 选中单元格区域 A1:K1，利用自动填充功能向下复制公式至单元格 K29，即可批量制作其他员工的工资条，如下图所示。

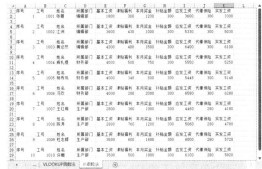

制作财务明细查询表

下面将综合运用本章所学知识制作财务明细查询表，具体操作步骤如下。

1. 创建工作簿

新建一个空白文档，将工作表"Sheet1"重命名为"明细查询表"，保存该工作簿，并在保存过程中将其重命名为"财务明细查询表"。选中单元格 A1，输入"财务明细查询表"，按【Enter】键完成输入，按照相同的方法在其他单元格中分别输入表格的具体内容，如下图所示。

2. 创建工作表"数据源"

插入一个新的工作表，将该工作表重命名为"数据源"，在工作表中输入如下图所示的内容。

3. 使用函数

打开"明细查询表"工作表，在单元格 E3 中插入 VLOOKUP 函数，即可在单元格 E3 中返回科目代码对应的科目名称"应付账款"。然后利用自动填充功能，完成其他单元格的操作，如下图所示。

4. 计算支出总额

选中单元格区域 F3:F12，设置【数字格式】为货币格式。选中单元格 F13，输入公式"=SUM（F3:F12）"，按【Enter】键确认输入，即可计算出支出金额总计，如下图所示。

5. 查询财务明细

选中单元格 B15，并输入需要查询的凭证号，这里输入"6"，然后在单元格 D15 中输入公式"=LOOKUP(B15,A3:F12)"，按【Enter】

键确认输入，即可检索出凭证号为"6"的支出金额，如下图所示。

6. 美化报表

设置单元格区域 A2:G13 的边框，适当调整列宽，合并单元格 A1:G1，设置对齐方式和标题属性；填充背景色，设置单元格样式，完成财务明细查询表的美化操作，效果如下图所示。

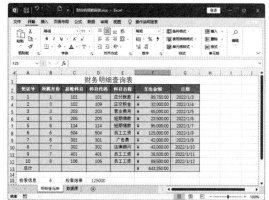

1. 函数参数的省略与简写

在使用函数时，将函数的某一参数连同其前面的逗号一并删除，称为"省略"该参数的标识。在参数提示框中，用 [] 括起来的参数表示可以省略；在使用函数时，将函数的某一参数仅仅使用逗号代替而不输入具体参数值，称为"简写"。

函数参数省略对照如下表所示。

函数参数省略对照

函数名称	参数位置	参数说明	参数省略默认情况
IF	第三参数	不满足判断条件时返回的值	返回 FALSE
LOOKUP	第三参数	返回值区域	返回第二个参数对应数字
MATCH	第三参数	查找方式	模糊查找
VLOOKUP	第四参数	查找方式	模糊查找
HLOOKUP	第四参数	查找方式	模糊查找
INDIRECT	第二参数	引用样式	A1 引用样式
OFFSET	第四、第五参数	返回值区域行高列宽	返回值区域大小与第一参数保持一致
FIND	第三参数	查找位置	从数据源第一个位置开始查找
FINDB	第三参数	查找位置	从数据源第一个位置开始查找
SEARCH	第三参数	查找位置	从数据源第一个位置开始查找
SEARCHB	第三参数	查找位置	从数据源第一个位置开始查找
LEFT	第二参数	提取个数	从数据源左侧提取一个字符
LEFTB	第二参数	提取个数	从数据源左侧提取一个字符
RIGHT	第二参数	提取个数	从数据源右侧提取一个字符
RIGHTB	第二参数	提取个数	从数据源右侧提取一个字符
SUBSTITUTE	第四参数	替换第几个区域	用新字符替换全部旧字符
SUMIF	第三参数	求和区域	对第一参数进行条件求和

函数参数简写对照如下表所示。

函数参数简写对照

函数名称	参数位置	参数说明	参数简写默认情况
VLOOKUP	第四参数	查找方式	默认为 0，标准准确查找
MAX	第二参数	第二参数	默认返回最大值
IF	第二、第三参数	返回值	返回 0
OFFSET	第二、第三参数	偏移行高、列宽	默认为 1
SUBSTITUTE	第三参数	替换第几个	替换全部
REPLACE	第三参数	替换几个字符	插入字符（不替换）
MATCH	第三参数	查找方式	准确查找

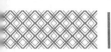

2. 巧用函数提示功能输入函数

从 Excel 2007 开始，新增了输入函数提示。当在 Excel 工作表中输入函数时，会自动显示函数提示框。在提示列表中，可以通过上下键选择函数，选中之后按【Tab】键即可。例如，在单元格 A1 中输入求和函数 SUM，当输入"=SU"时，在弹出的函数提示框中找到 SUM 函数，然后按【Tab】键即可选中该函数，如下图所示。

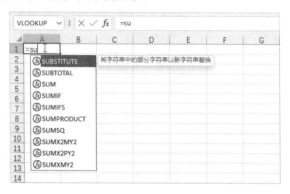

第 **3** 篇

数据分析篇

　　本篇主要介绍 Excel 数据分析，通过对本篇内容的学习，读者可以掌握数据列表的管理、图表的应用，以及数据透视表和透视图的相关操作。

第 7 章
初级数据处理与分析——数据列表的管理

本章导读

本章主要介绍 Excel 2021 中的数据验证功能、数据排序和筛选功能及数据分类汇总功能。通过对本章内容的学习，读者可以掌握数据的处理和分析技巧，并通过所学知识轻松快捷地管理数据列表。

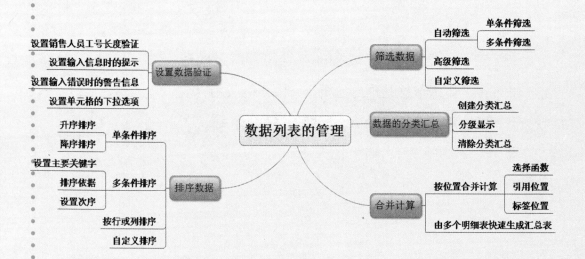

7.1 制作员工销售报表

员工销售报表是企业中最常见的表格，该表格详细记录了员工销售情况，为企业及时了解员工的销售能力提供了依据。员工销售报表一般包括员工基本信息、销售类别、销售产品、销售金额及销售时间等内容。

7.1.1 案例概述

制作员工销售报表时，需要注意以下几点。

1. 格式统一

区分标题字体和表格内的字体，统一表格内字体的样式（包括字体、字号、字体颜色等），否则表格内容将显得杂乱。

2. 美化表格

在员工销售报表制作完成后，还需要对其进行美化操作，使其看起来更加美观。美化表格包括设置边框、调整行高列宽、设置标题、设置对齐方式等内容。

7.1.2 设计思路

制作员工销售报表时可以按以下思路进行。
（1）输入表格标题及具体内容。
（2）使用求和公式计算销售金额。
（3）设置边框和填充效果、调整列宽。
（4）合并单元格并设置标题效果。
（5）设置文本对齐方式，并统一格式。

7.1.3 涉及知识点

本案例主要涉及以下知识点。
（1）设置数据验证。
（2）数据排序。
（3）数据筛选。
（4）分类汇总。

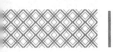

7.2 设置数据验证

在向工作表中输入数据时，为了防止输入错误，可以为单元格设置数据验证。只有符合条件的数据才允许输入，而不符合条件的数据在输入时会弹出警告对话框，提醒用户只能输入设定范围内的数据，从而提高处理数据的效率。

7.2.1 设置销售人员工号长度验证

员工的工号通常由固定位数的数字组成，可以通过设置验证工号的长度来过滤无效工号，从而避免错误。设置销售人员工号长度验证的具体操作步骤如下。

第1步 打开"素材 \ch07\ 员工销售报表 .xlsx"工作簿，如下图所示。

第2步 选中单元格区域 A3:A14，单击【数据】选项卡【数据工具】组中的【数据验证】按钮，在弹出的下拉菜单中选择【数据验证】选项，如下图所示。

第3步 打开【数据验证】对话框，默认显示为【设置】选项卡，在【允许】下拉列表中选择【文本长度】选项；在【数据】下拉列表中选择【等于】选项；在【长度】文本框中输入"4"，单击【确定】按钮，如下图所示。

第4步 返回 Excel 工作表，在单元格区域 A3:A14 中输入工号，当输入小于 4 位或大于 4 位的工号时，就会弹出警告对话框，如下图所示。

7.2.2 设置输入信息时的提示

在设置员工工号长度验证后，还可以设置输入工号时的提示信息，具体操作步骤如下。

第1步 打开"员工销售报表"，并选中单元格区域 A3:A14，如下图所示。

第2步 依次单击【数据】→【数据工具】→【数据验证】按钮，打开【数据验证】对话框，选择【输入信息】选项卡，在【标题】文本框中输入"请输入工号"，在【输入信息】文本框中输入"请输入 4 位数字的工号！"，如右上图所示。

第3步 单击【确定】按钮，完成输入提示信息的设置。单击 A3:A14 区域中的任意单元格时，都会显示相应的提示信息，如下图所示。

7.2.3 设置输入错误时的警告信息

当在设置了数据验证的单元格中输入不符合条件的数据时，就会弹出警告对话框，该对话框中的警告信息可由用户自行设置，具体操作步骤如下。

第1步 打开"员工销售报表"工作簿，并选中单元格区域 A3:A14，如下图所示。

第2步 依次单击【数据】→【数据工具】→【数据验证】按钮，即可打开【数据验证】对话框，选择【出错警告】选项卡，在【样式】下拉列表中选择【停止】选项；在【标题】文本框中输入"输入错误！"；在【错误信息】文本框中输入"输入错误，请重新输入 4 位数字的工号！"，单击【确定】按钮，如下图所示。

第3步 此时在 A3:A14 单元格区域的任意单元格中输入不符合条件的数据，系统都会弹出【输入错误！】提示框，如下图所示。

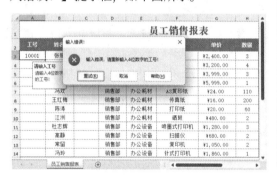

第4步 单击【重试】按钮，即可在单元格中重新输入工号，如下图所示。

7.2.4　设置单元格的下拉选项

由于性别数据的特殊性，用户可以在单元格中设置下拉选项来实现数据的快速输入，具体操作步骤如下。

第1步 选中单元格区域 C3:C14，如下图所示。

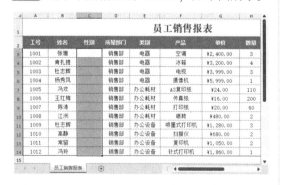

第2步 依次单击【数据】→【数据工具】→【数据验证】按钮，即可打开【数据验证】对话框。选择【设置】选项卡，在【允许】下拉列表中选择【序列】选项，在【来源】文本框中输入"男，

女"。注意，在其中输入的内容需要用英文状态的逗号隔开。单击【确定】按钮，如下图所示。

第3步 返回工作表，此时选中单元格区域 C3:C14 中的任意单元格，单元格右侧都会显示下拉按钮，如下图所示。

后按照相同的操作分别输入其他员工的性别信息，然后保存当前工作簿，如下图所示。

第 4 步 选中单元格 C3，并单击其右侧的下拉按钮，在弹出的下拉菜单中选择【女】选项，然

7.3 数据排序

Excel 2021 提供了多种排序方法，包括单条件排序、多条件排序和按行或按列排序。用户除了使用这几种方法对数据进行排序以外，还可以根据需要自定义排序规则。

7.3.1 单条件排序

单条件排序是指依据某列的数据规则对数据进行排序，如升序或降序就是最常用的单条件排序方式。使用单条件排序的具体操作步骤如下。

第 1 步 打开"员工销售报表 .xlsx"工作簿，如下图所示。

第 2 步 这里对销售金额进行降序排序。选中单元格 I3，单击【数据】选项卡【排序和筛选】组中的【降序】按钮，如下图所示。

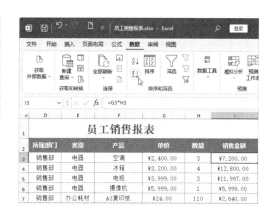

第 3 步 此时销售金额列即可按照由高到低的顺序显示数据，如下图所示。

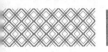

7.3.2 多条件排序

多条件排序是指依据多列的数据规则对数据表进行排序操作。本小节将"员工销售报表"工作表中的"单价"和"销售金额"按由低到高的顺序进行排序，具体操作步骤如下。

第1步 打开"员工销售报表.xlsx"工作簿，单击【数据】选项卡【排序和筛选】组中的【排序】按钮，如下图所示。

第2步 打开【排序】对话框，在【主要关键字】下拉列表中选择【单价】选项；在【排序依据】下拉列表中选择【单元格值】选项；在【次序】下拉列表中选择【升序】选项，如下图所示。

第3步 单击【添加条件】按钮，新增排序条件，然后根据需要设置次要关键字的相关参数，单击【确定】按钮，如下图所示。

第4步 返回 Excel 工作表查看设置的效果，如下图所示。

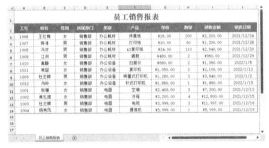

7.3.3 按行或列排序

除了以上两种排序外，还可以对数据进行按行或列排序，具体操作步骤如下。

第1步 打开"素材 \ch07\ 学生成绩表 .xlsx"工作簿，并选中数据区域内的任意单元格，如下图所示。

第2步 依次单击【数据】→【排序和筛选】→【排序】按钮，打开【排序】对话框，在该对话框中单击【选项】按钮，即可打开【排序选项】对话框，然后选中【方向】区域的【按行排序】单选按钮，如下图所示。

序选项】对话框, 在该对话框中选中【按列排序】单选按钮, 单击【确定】按钮, 如下图所示。

第3步 单击【确定】按钮, 返回【排序】对话框, 在【主要关键字】下拉列表中选择要排序的行, 这里选择【行 3】选项, 单击【确定】按钮, 如下图所示。

第4步 即可返回工作表查看设置的效果, 如下图所示。

第5步 按列排序和按行排序类似, 选中数据区域内的任意单元格, 然后按照上述操作打开【排

第6步 返回【排序】对话框, 然后在【主要关键字】下拉列表中选择【语文】选项, 单击【确定】按钮, 如下图所示。

第7步 即可返回工作表查看按列排序的效果, 如下图所示。

7.3.4 自定义排序

Excel 2021 提供了自定义排序的功能, 用户可以根据需要设置自定义排序序列。本小节将对学生姓名进行自定义排序, 具体操作步骤如下。

第1步 打开"素材 \ch07\ 学生成绩表 .xlsx"工作簿, 如下图所示。

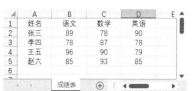

第2步 依次单击【数据】→【排序和筛选】→【排序】按钮, 打开【排序】对话框, 在【主要关键字】下拉列表中选择【姓名】选项, 在【次序】下拉列表中选择【自定义序列】选项, 如下图所示。

第3步 打开【自定义序列】对话框后，在【输入序列】中输入自定义序列"王五,赵六,张三,李四"，然后单击【添加】按钮，将自定义序列添加到【自定义序列】列表中，单击【确定】按钮，如下图所示。

第4步 返回【排序】对话框，此时在【次序】下拉列表中显示自定义的序列，单击【确定】按钮，如下图所示。

第5步 即可返回工作表查看自定义排序后的效果，如下图所示。

	A	B	C	D	E
1	姓名	语文	数学	英语	
2	王五	96	90	79	
3	赵六	85	93	85	
4	张三	89	78	90	
5	李四	78	87	78	
6					

7.4 筛选数据

在数据清单中，如果需要查看一些特定数据，就需要对数据清单进行筛选，即从数据清单中筛选出符合条件的数据，并将其显示在工作表中，而将那些不符合条件的数据隐藏起来。

7.4.1 自动筛选

自动筛选器提供了快速访问数据列表的管理功能，使用自动筛选功能筛选数据的具体操作步骤如下。

第1步 打开"员工销售报表.xlsx"工作簿，如右图所示。

第2步 单击【数据】选项卡【排序和筛选】组中的【筛选】按钮，进入数据筛选状态，此时在每个字段名的右侧都会出现一个下拉按钮，如下图所示。

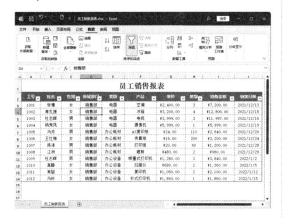

第3步 单击【类别】右侧的下拉按钮，在弹出的下拉列表中取消选中【全选】复选框，然后选中【办公耗材】复选框，单击【确定】按钮，如右上图所示。

第4步 即可只显示办公耗材的数据信息，其他的数据将被隐藏，如下图所示。

7.4.2 高级筛选

Excel 2021 提供了高级筛选功能，即对字段设置多个复杂的筛选条件。使用高级筛选功能设置筛选条件的具体操作步骤如下。

第1步 打开"素材 \ch07\ 员工工资表 .xlsx"工作簿，如下图所示。

第2步 选中单元格区域 A13:C14，并在其中输入如下图所示的筛选条件。

第3步 选中单元格区域 A2:I11，单击【数据】选项卡【排序和筛选】组中的【高级】按钮，打开【高级筛选】对话框，单击【条件区域】文本框右侧的按钮，如下图所示。

第4步 返回工作表，拖动鼠标选中要筛选的区域 A13:C14，此时选中的区域会显示在【高级筛选 - 条件区域】文本框中。选择条件区域后，单击文本框右侧的圙按钮，如下图所示。

第5步 即可返回【高级筛选】对话框，单击【确定】按钮，如右上图所示。

第6步 即可筛选出符合条件的数据，如下图所示。

| 提示 |

使用高级筛选功能之前应先建立一个条件区域，如在上述操作中，单元格区域 A13:C14 即为条件区域，其中，第一行中包含的字段名必须拼写正确，只要包含作为筛选条件的字段名即可。条件区域的字段名下面一行用来输入筛选条件。

7.4.3　自定义筛选

自定义筛选可根据用户的需要来设置条件，从而筛选出符合条件的数据。自定义筛选包括以下 3 种方式。

1.　模糊筛选

将"员工工资表"工作表中姓名为"高静"的员工信息筛选出来，具体操作步骤如下。

第1步 打开"素材 \ch07\ 员工工资表 .xlsx"工作簿，依次单击【数据】→【排序和筛选】→【筛选】按钮，如右图所示。

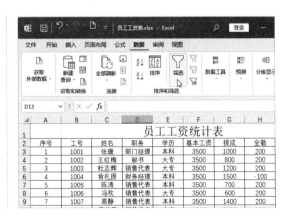

第2步 数据进入筛选状态，单击 C2 单元格右侧的下拉按钮，在弹出的下拉列表中依次单击【文本筛选】→【自定义筛选】选项，如下图所示。

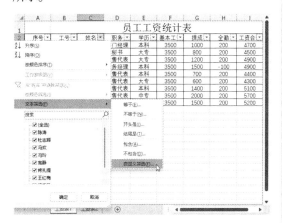

第3步 打开【自定义自动筛选方式】对话框，按照如下图所示的方式，设置相关参数并单击【确定】按钮。

第4步 即可查看筛选后的效果，如下图所示。

2. 范围筛选

使用范围筛选方式筛选出工资大于等于5000 元的相关数据，具体操作步骤如下。

第1步 打开"素材 \ch07\ 员工工资表 .xlsx"工作簿，依次单击【数据】→【排序和筛选】→【筛选】按钮，进入数据筛选状态，如右上图所示。

第2步 单击【工资合计】右侧的下拉按钮，在弹出的下拉菜单中选择【数字筛选】→【自定义筛选】选项，打开【自定义自动筛选方式】对话框，然后在该对话框中设置相关参数，如下图所示，然后单击【确定】按钮。

第3步 即可筛选出工资大于 5000 元的相关信息，如下图所示。

3. 通配符筛选

将员工工资表中姓名为两个字且姓"冯"的员工筛选出来，具体操作步骤如下。

第1步 打开"素材 \ch07\ 员工工资表 .xlsx"工作簿，依次单击【数据】→【排序和筛选】→【筛选】按钮，进入数据筛选状态，如下图所示。

第2步 单击【姓名】列右侧的下拉按钮，在弹出的下拉菜单中选择【文本筛选】→【自定义筛选】选项，打开【自定义自动筛选方式】对话框，然后在该对话框中设置相关参数，如下图所示，然后单击【确定】按钮。

第3步 即可查看筛选后的结果，如下图所示。

7.5 数据的分类汇总

分类汇总包括两部分：先对一个复杂的数据库进行数据分类，再对不同类型的数据进行汇总。使用数据分类汇总功能，可以将数据更加直观地展示出来。

7.5.1 创建分类汇总

分类汇总是指先根据字段名来创建数据组，然后进行汇总。创建分类汇总的具体操作步骤如下。

第1步 打开"素材\ch07\员工销售报表.xlsx"工作簿，如下图所示。

第2步 单击【数据】选项卡【分级显示】组中的【分类汇总】按钮，如右图所示。

第3步 打开【分类汇总】对话框，在【分类字段】下拉列表中选择【类别】选项，表示以"类别"字段进行分类汇总；在【汇总方式】下拉列表中选择【求和】选项；在【选定汇总项】列表中选中【销售金额】复选框，最后选中【汇总结果显示在数据下方】复选框，单击【确定】按钮，如下图所示。

第4步 即可查看对类别进行分类汇总后的效果，如下图所示。

7.5.2 分级显示

对数据进行分类汇总之后，可以将数据分级显示。分级显示中的第一级数据代表汇总项的总和，第二级数据代表分类汇总数据各汇总项的总和，而第三级数据则代表数据清单的原始数据。分级显示数据的具体操作步骤如下。

第1步 单击工作表左侧的1按钮，即可显示一级数据，如下图所示。

第2步 单击2按钮，则显示一级和二级数据，即总计和类别汇总，如下图所示。

第3步 单击3按钮，则显示一级、二级和三级数据，如下图所示。

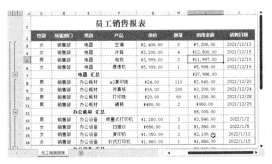

第4步 单击工作表左侧的 — 按钮，即可隐藏明细数据，隐藏后的效果如下图所示。

第5步 单击工作表左侧的 + 按钮，即可显示明细数据，显示后的效果如下图所示。

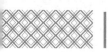
7.5.3 清除分类汇总

如果不再需要分类汇总，可以将其清除。清除分类汇总的具体操作步骤如下。

第1步 选中分类汇总后的工作表数据区域内的任意单元格，依次单击【数据】→【分级显示】→【分类汇总】按钮，如下图所示。

第2步 打开【分类汇总】对话框，然后在该对话框中单击【全部删除】按钮，如右上图所示。

第3步 即可清除分类汇总，效果如下图所示。

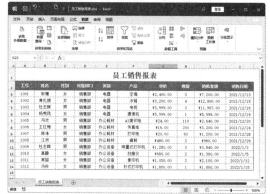

7.6 合并计算

在 Excel 2021 中，若要汇总多个工作表的结果，可以将数据合并到一个主工作表中，以便对数据进行更新和汇总。

7.6.1 按位置合并计算

按位置进行合并计算是指按同样的顺序排列所有工作表中的数据，将它们放在同一位置，具体操作步骤如下。

第1步 打开"素材 \ch07\ 员工工资表 .xlsx"工作簿，选择"工资表 1"工作表，单击【公式】选项卡【定义的名称】组中的【名称管理器】按钮，如右图所示。

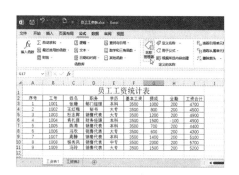

第2步 打开【名称管理器】对话框，单击【新建】按钮，如下图所示。

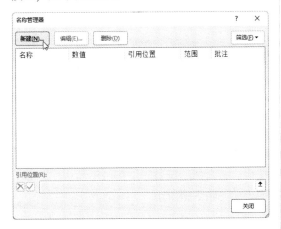

第3步 打开【新建名称】对话框，在【名称】文本框中输入"工资表1"，选择引用位置，并单击【确定】按钮，即可完成名称的定义，如下图所示。

第4步 返回【名称管理器】对话框，再次单击【新建】按钮，打开【新建名称】对话框，然后在【名称】文本框中输入"工资表2"，选择引用位置，并单击【确定】按钮，即可完成名称的定义，如下图所示。

第5步 返回【名称管理器】对话框，单击【关闭】按钮，如右上图所示。

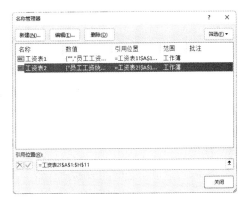

第6步 打开"工资表1"工作表，选中单元格J1，单击【数据】选项卡【数据工具】组中的【合并计算】按钮，如下图所示。

第7步 打开【合并计算】对话框，在【引用位置】文本框中输入"工资表2"，单击【添加】按钮，即可把"工资表2"添加到【所有引用位置】列表中，如下图所示。

第8步 单击【确定】按钮，即可将"工资表2"的数据合并到"工资表1"中，如下图所示。

7.6.2 由多个明细表快速生成汇总表

如果数据分散在各个明细表中，就需要将这些数据汇总到一个总表中，由多个明细表快速生成汇总表的具体操作步骤如下。

第1步 打开"素材\ch07\销售汇总表.xlsx"工作簿，这里包含3个地区的销售数据，如下图所示。需要将这3个地区的数据合并到"汇总表"中，即同类产品的销售数量和销售金额相加。

第2步 打开"汇总表"工作表，并选中单元格A1，如下图所示。

第3步 单击【数据】选项卡【数据工具】组中的【合并计算】按钮，打开【合并计算】对话框，单击【引用位置】文本框右侧的▲按钮，如下图所示。

第4步 打开【合并计算 - 引用位置】引用框，拖动鼠标选中"上海"工作表中的单元格区域A1:C6，单击引用框右侧的按钮，如右上图所示。

第5步 返回【合并计算】对话框，单击【添加】按钮，将引用的位置添加到【所有引用位置】列表中，如下图所示。

第6步 重复此操作，依次添加大连和广东工作表中的数据区域，如下图所示。

第7步 单击【确定】按钮，即可查看合并后的数据，如下图所示。

分析与汇总员工培训成绩统计表

本实例将介绍如何分析与汇总员工培训成绩统计表。通过对本实例的学习，读者可以对本章介绍的知识点进行综合运用，包括设置数据验证、条件格式及分类汇总等操作。

1. 设置数据验证

打开"素材\ch07\员工培训成绩统计分析表 .xlsx"工作簿，对 B3:B12 单元格区域中的数据设置验证，如下图所示。

2. 计算培训总分

选中单元格 I3，并输入公式"=G3*0.4+H3*0.6"，按【Enter】键确认输入，即可计算出第一位员工的培训总分。复制公式，利用自动填充功能，完成其他单元格的计算，如下图所示。

"=IF(I3>=75," 达标 "," 不达标 ")"，按【Enter】键确认输入，即可判断出第一位员工的成绩为"达标"。复制公式，利用自动填充功能，完成对其他员工培训成绩是否达标的判断，如下图所示。

4. 突出显示成绩不达标的员工

选中单元格区域 J3:J12，通过【条件格式】→【突出显示单元格规则】→【等于】选项，为"不达标"所在的单元格设置条件格式，即可突出显示成绩不达标的员工，如下图所示。

3. 分析员工培训成绩是否达标

根据表格注释内容，分析员工培训成绩是否达标。选中单元格 J3，输入公式

5. 计算排名

选中单元格 K3，并输入公式"=RANK(I3,$I$3:$I$12)"，按【Enter】键确认输入，

即可计算出第一位员工的成绩排名。复制公式，利用自动填充功能，计算其他员工的成绩排名，效果如下图所示。

6. 对成绩进行分类汇总

按部门对员工成绩进行分类汇总，显示三级汇总结果，如下图所示。

1. 通过筛选删除空白行

使用筛选功能可以快速删除大量空白行，具体操作步骤如下。

第1步 打开"素材 \ch07\ 员工加班时间统计表 .xlsx"工作簿，如下图所示。

	工号	姓名	11月5日	11月12日	11月19日	11月27日	总计
			员工加班时间统计				
	1001	张珊	2	1.5	0	1.5	5
	1002	冯欢	3.5	1	3	3	10.5
	1003	陈涛	1	3	2.5	2.2	8.7
	1004	王昭玮	2	2	1.5	2	7.5
	1005	杜志辉	2.5	2.5	3	3	11

第2步 选中单元格区域 A2:A12，单击【数据】选项卡【排序和筛选】组中的【筛选】按钮，即可将选中的数据设置为筛选状态，如下图所示。

	工号	姓名	11月5日	11月12日	11月19日	11月27日	总计
			员工加班时间统计				
	1001	张珊	2	1.5	0	1.5	5
	1002	冯欢	3.5	1	3	3	10.5
	1003	陈涛	1	3	2.5	2.2	8.7
	1004	王昭玮	2	2	1.5	2	7.5
	1005	杜志辉	2.5	2.5	3	3	11

第3步 单击【工号】右侧的下拉按钮，在弹出的下拉菜单中取消选中【全选】复制框，然后选中【空白】复选框，如下图所示。

第4步 单击【确定】按钮，即可筛选出所有的空白行，如下图所示。

第5步 选中所有空白行并右击，在弹出的快捷菜单中选择【删除行】选项，此时系统会弹出如下图所示的提示框，单击【确定】按钮。

	员工加班时间统计					
工号	姓名	11月5日	11月12日	11月19日	11月27日	总计

Microsoft Excel ×

⚠ 是否删除工作表的整行?

确定　取消

第6步 返回工作表，单击【排序和筛选】组中的【清除】按钮，即可完成空白行的删除操作，如下图所示。

	员工加班时间统计					
工号	姓名	11月5日	11月12日	11月19日	11月27日	总计
1001	张珊	2	1.5	0	1.5	5
1002	冯欢	3.5	1	3	3	10.5
1003	陈涛	1	3	2.5	2.2	8.7
1004	王昭玮	2	2	1.5	2	7.5
1005	杜志辉	2.5	2.5	3	3	11

2. 新功能：使用 Excel 快速分析工具自动分析数据

数据分析一直是令很多人头疼的问题，因为很多人并不知道采用什么工具或什么方式分析数据最合理。Excel 2021 提供了快速分析工具，可以自动分析数据，包含格式化、图表、汇总、表格、迷你图等五大功能，如下图所示。下面以分析销售数据为例详细介绍。

第1步 打开"素材 \ch07\ 自动分析数据 .xlsx"工作簿，选中待分析的数据区域，单击右下方的【快速分析】按钮或按【Ctrl+Q】组合键，如下图所示。

种类	1季度	2季度	3季度	4季度
食品	¥600,000.0	¥630,000.0	¥580,000.0	¥760,000.0
日用百货	¥620,000.0	¥700,000.0	¥520,000.0	¥600,000.0
烟酒	¥300,000.0	¥320,000.0	¥350,000.0	¥500,000.0
妇婴用品	¥260,000.0	¥250,000.0	¥230,000.0	¥340,000.0
蔬菜生鲜	¥530,000.0	¥540,000.0	¥580,000.0	¥600,000.0
家居	¥180,000.0	¥170,000.0	¥190,000.0	¥170,000.0
服饰	¥350,000.0	¥300,000.0	¥280,000.0	¥310,000.0
体育用品	¥180,000.0	¥190,000.0	¥170,000.0	¥160,000.0
家电	¥700,000.0	¥960,000.0	¥580,000.0	¥890,000.0

第2步 弹出【快速分析】面板，选择【图表】选项卡，单击【簇状柱形图】选项，如右图所示。

第3步 完成图表的创建，修改图表的名称，最终效果如下图所示。

种类	1季度	2季度	3季度	4季度
食品	¥600,000.0	¥630,000.0	¥580,000.0	¥760,000.0
日用百货	¥620,000.0	¥700,000.0	¥520,000.0	¥600,000.0
烟酒	¥300,000.0	¥320,000.0	¥350,000.0	¥500,000.0
妇婴用品	¥260,000.0	¥250,000.0	¥230,000.0	¥340,000.0
蔬菜生鲜	¥530,000.0	¥540,000.0	¥580,000.0	¥600,000.0
家居	¥180,000.0	¥170,000.0	¥190,000.0	¥170,000.0
服饰	¥350,000.0	¥300,000.0	¥280,000.0	¥310,000.0
体育用品	¥180,000.0	¥190,000.0	¥170,000.0	¥160,000.0
家电	¥700,000.0	¥960,000.0	¥580,000.0	¥890,000.0

第4步 再次选中待分析的数据区域，单击右下

方的【快速分析】按钮，在【快速分析】面板中选择【汇总】选项卡，单击【汇总】选项，如下图所示。

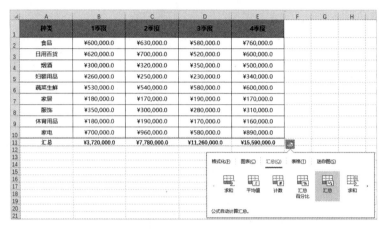

第5步 完成汇总数据的操作，根据需要调整表格，效果如下图所示。

种类	1季度	2季度	3季度	4季度
食品	¥600,000.0	¥630,000.0	¥580,000.0	¥760,000.0
日用百货	¥620,000.0	¥700,000.0	¥520,000.0	¥600,000.0
烟酒	¥300,000.0	¥320,000.0	¥350,000.0	¥500,000.0
妇婴用品	¥260,000.0	¥250,000.0	¥230,000.0	¥340,000.0
蔬菜生鲜	¥530,000.0	¥540,000.0	¥580,000.0	¥600,000.0
家居	¥180,000.0	¥170,000.0	¥190,000.0	¥170,000.0
服饰	¥350,000.0	¥300,000.0	¥280,000.0	¥310,000.0
体育用品	¥180,000.0	¥190,000.0	¥170,000.0	¥160,000.0
家电	¥700,000.0	¥960,000.0	¥580,000.0	¥890,000.0
汇总	¥3,720,000.0	¥7,780,000.0	¥11,260,000.0	¥15,590,000.0

第8章

中级数据处理与分析——图表的应用

本章导读

图表作为一种比较形象、直观的表达形式，不仅可以直观地展示各种数据的多少，还可以展示数据增减变化的情况，以及部分数据与总数据之间的关系。本章主要介绍图表的创建及应用方法。

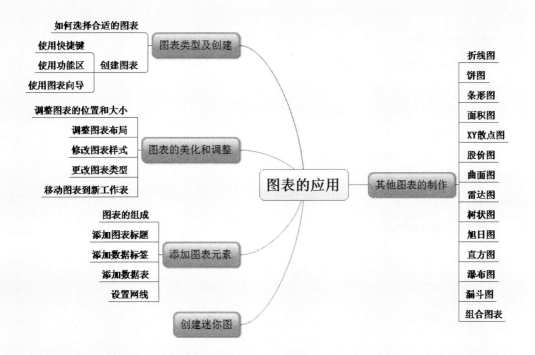

8.1 季度销售额报表

制作季度销售额报表要做到准确、直观。

8.1.1 案例概述

制作季度销售额报表是一个企业工作中的重要环节，企业可以通过销售额报表分析销售情况，并根据其中的数据制订详细的销售计划。制作季度销售额报表时，需要注意以下几点。

1. 数据准确

（1）制作季度销售额报表时，选取单元格要准确，合并单元格时要合理安排合并的位置，插入行和列时定位要准确，以确保能准确地计算表中的数据。

（2）Excel 2021 中的数据类型有多种，要分清销售额报表中的数据是哪种类型的数据，做到数据输入准确。

2. 便于统计

制作的表格要完整，输入的数据应与各分公司实际销售情况一一对应。

3. 界面简洁

（1）销售额报表的布局要合理，避免出现多余数据。

（2）合并需要合并的单元格，并为单元格内容保留合适的位置。

（3）字号不宜过大，但表格的标题与表头一栏可以适当放大。

8.1.2 设计思路

制作季度销售额报表时可以按以下思路进行。

（1）创建空白工作簿，并对工作簿进行保存命名。

（2）在工作簿中输入文本与数据，并设置文本格式。

（3）合并单元格，并调整行高与列宽。

（4）设置对齐方式、标题及填充效果。

8.1.3 涉及知识点

本案例主要涉及以下知识点。

（1）创建空白工作簿。

（2）合并单元格。

（3）设置数据类型。

（4）设置对齐方式。

（5）设置填充效果。

8.2 图表类型及创建

图表在一定程度上可以使表格中的数据一目了然，通过插入图表，用户可以更加容易地分析数据的走向和差异，以便预测趋势。本节将着重介绍图表的类型及创建方法。

8.2.1 重点：如何选择合适的图表

Excel 2021 提供了多种类型的图表，每种图表都有与之匹配的应用范围，那么如何选择合适的图表呢？下面着重介绍几种比较常用的图表。

（1）柱形图。柱形图是最普通的图表之一，它的数据显示为垂直柱体，高度与数值相对应，数值的刻度显示在纵轴线的左侧，如下图所示。创建柱形图时可以设定多个数据系列，每个数据系列以不同的颜色表示。

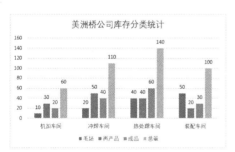

（2）折线图。折线图通常用来描绘连续的数据，对于展示数据趋势很有用，其分类轴的间隔相等，如下图所示。

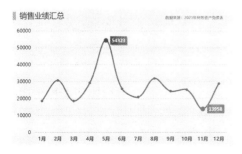

（3）饼图。饼图把一个圆面划分为若干个扇形面，每个扇形面代表一项数据类型，如下图所示。饼图一般适合表示数据系列中每一项占该系列总值的百分比。

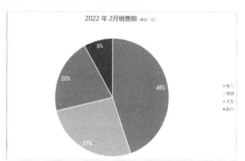

（4）条形图。条形图类似柱形图，主要强调各个数据项之间的差别，如下图所示。条形图的优点是分类标签更便于查看。

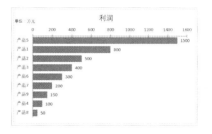

（5）面积图。面积图是将一系列数据用线段连接起来，每条线以下的区域用不同的颜色填充，如下图所示。面积图强调数据随时间而发生的变化，通过显示所绘数据的总和，说明部分和整体的关系。

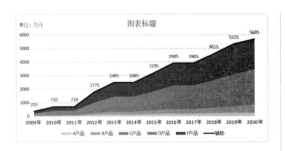

（6）散点图。散点图用于比较几个数据系列中的数值，如下图所示。散点图通常用来显示两个变量之间的关系。

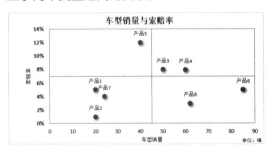

（7）地图。地图用于显示不同地理位置数据的变化情况。数据中可以含有地理区域，如国家/地区、省/自治区/直辖市、县等，通过地图图表可以清晰地了解数据变化情况。

（8）股价图。股价图用来描绘股票的价格走势，对分析股票市场信息很有用，如下图所示。股价图需要 3~5 个数据系列。

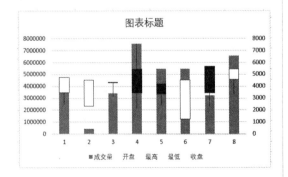

（9）曲面图。曲面图显示的是连接一组数据点的三维曲面。曲面图可用于寻找两组数据的最优组合。与其他图表类型不同，曲面图中的颜色不是用于区别数据系列，而是用来区别值的，即在曲面图中相同颜色表明具有相同范围的值区域，如在曲面图中用红色表示

10 ～ 100 的数值范围。

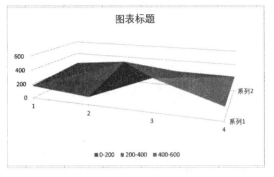

（10）雷达图。雷达图对于每个分类都有一个单独的轴线，轴线从图表的中心向外延伸，并且每个数据点的值均被绘制在相应的轴线上，如下图所示。

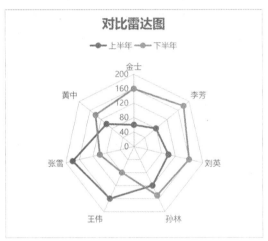

（11）树状图。树状图主要用于比较层次结构中不同级别的值，可以使用矩形显示层次结构级别中的比例，如下图所示。

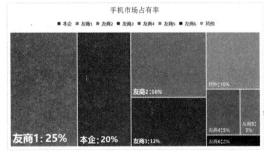

（12）旭日图。旭日图主要用于比较层次结构中不同级别的值，可以使用矩形显示层次结构级别中的比例，如下图所示。

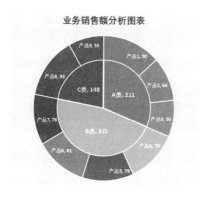

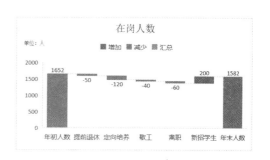

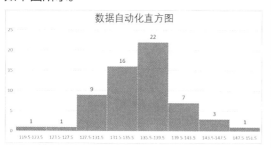

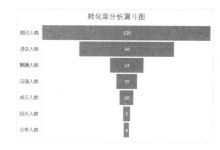

（13）直方图。直方图由一系列高度不等的纵向条纹或线段表示数据分布的情况。一般用横轴表示数据类型，纵轴表示分布情况，如下图所示。

（14）箱形图。箱形图主要用于显示一组数据中的变体。

（15）瀑布图。瀑布图用于显示一系列正值和负值的累积影响，如右上图所示。

（16）漏斗图。漏斗图用于显示流程中多个阶段的值，如下图所示。

（17）组合图。组合图可以将多个图表进行组合，在一个图表中实现多种效果，如下图所示。

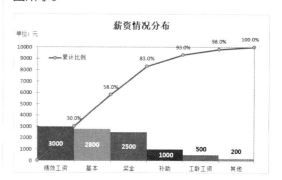

8.2.2　创建图表

创建图表有 3 种方法，即使用快捷键创建图表、使用功能区创建图表和使用图表向导创建图表。

1.　使用快捷键创建图表

按【Alt+F1】组合键或按【F11】键可以快速创建图表。按【Alt+F1】组合键可以创建嵌入式图表，按【F11】键可以创建工作表图表。使用快捷键创建工作表图表的具体操作步骤如下。

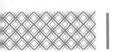
第1步 打开"素材 \ch08\ 各部门第一季度费用表 .xlsx"工作簿，如下图所示。

第2步 选中单元格区域 A1:D6，按【F11】键，即可插入一个名称为"Chart1"的工作表图表，并根据所选区域的数据创建图表，如下图所示。

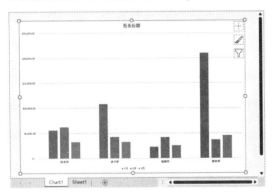

2. 使用功能区创建图表

使用功能区创建图表的具体操作步骤如下。

第1步 打开"素材 \ch08\ 各部门第一季度费用表 .xlsx"工作簿，如下图所示。

第2步 选中单元格区域 A1:D6，单击【插入】选项卡【图表】组中的【插入柱形图或条形图】按钮 📊，在弹出的下拉菜单中选择【二维柱形图】→【簇状柱形图】选项，如下图所示。

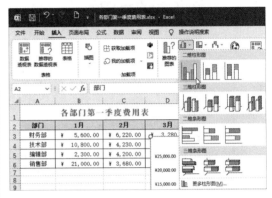

第3步 即可在该工作表中生成一个柱形图表，如下图所示。

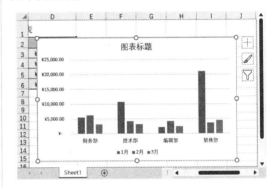

3. 使用图表向导创建图表

使用图表向导也可以创建图表，具体操作步骤如下。

第1步 打开"素材 \ch08\ 各部门第一季度费用表 .xlsx"工作簿，如下图所示。

第2步 单击【插入】选项卡【图表】组中的【推荐的图表】按钮，打开【插入图表】对话框，默认显示为【推荐的图表】选项卡，选择【簇状柱形图】选项，如下图所示。

第3步 单击【确定】按钮，即可创建一个柱形图图表，如下图所示。

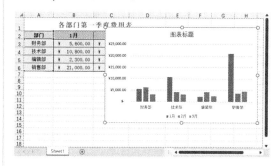

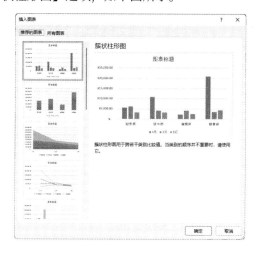

8.3 图表的美化和调整

图表创建完毕，用户可以根据实际需要对图表进行调整及美化。在对图表进行美化时，可以直接套用 Excel 2021 提供的多种图表格式。

8.3.1 重点：调整图表的位置和大小

调整图表位置和大小的具体操作步骤如下。

第1步 接上节操作，选中插入的图表，然后将鼠标指针移到图表内，此时鼠标指针变成 形状，如下图所示。

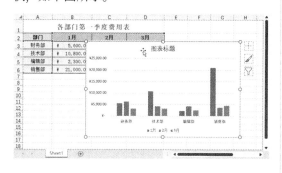

第2步 按住鼠标左键不放，拖动图表至合适的位置后释放鼠标左键即可，如下图所示。

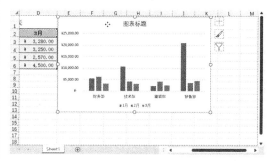

第3步 将鼠标指针移到图表右下角的控制点上，此时指针变成 形状，如下图所示。

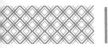
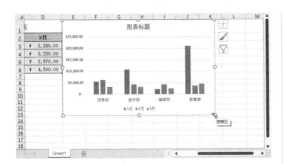

第4步 按住鼠标左键不放，向左上方拖动图表至合适的大小，释放鼠标左键，即可调整图表

的大小，如下图所示。

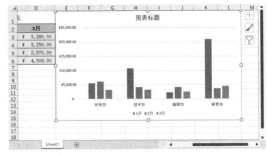

8.3.2 重点：调整图表布局

调整图表布局可以借助 Excel 2021 提供的布局功能来实现，具体操作步骤如下。

第1步 选中图表，单击【图表设计】选项卡【图表布局】组中的【快速布局】按钮，在弹出的下拉列表中选择【布局1】选项，如下图所示。

第2步 即可应用选择的布局，如下图所示。

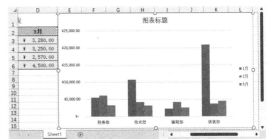

8.3.3 重点：修改图表样式

对于创建的图表，除了修改图表布局以外，还可以修改图表样式，具体操作步骤如下。

第1步 选中图表，单击【图表设计】选项卡【图表样式】组中的【其他】按钮▼，在弹出的下拉列表中选择图表样式，如选择【样式8】选项，如右图所示。

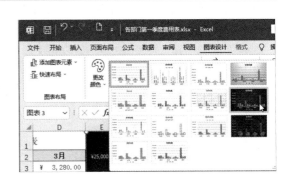

第2步 选择之后，即可应用选择的图表样式，如右图所示。

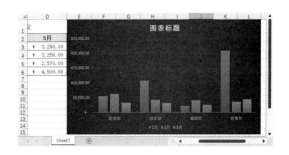

8.3.4 更改图表类型

创建的图表类型不是固定不变的，如果用户希望更改创建的图表类型，可以进行如下操作。

第1步 选中图表，单击【图表设计】选项卡【类型】组中的【更改图表类型】按钮，如下图所示。

第2步 打开【更改图表类型】对话框，在【所有图表】选项卡中选择【柱形图】中的一种图表类型，如右图所示。

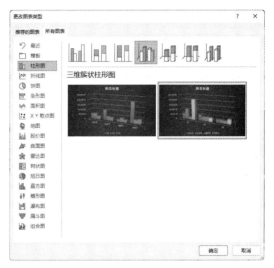

第3步 单击【确定】按钮，即可更改创建的图表类型，如下图所示。

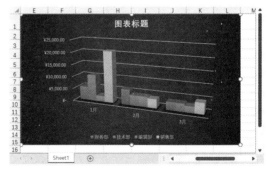

8.3.5 移动图表到新工作表

在工作表中创建图表后，可以根据需要将图表移到另一个新的工作表中，具体操作步骤如下。

第1步 选中要移动的图表并右击，在弹出的快捷菜单中选择【移动图表】选项，如下图所示。

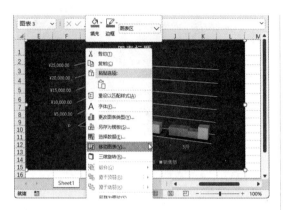

第3步 单击【确定】按钮，即可将图表移到新工作表"Chart1"中，如下图所示。

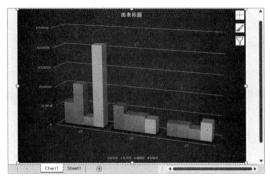

第2步 打开【移动图表】对话框，选中【选择放置图表的位置】区域内的【新工作表】单选按钮，并在右侧的文本框中输入工作表名称"Chart1"，如右图所示。

8.4 添加图表元素

添加图表元素不仅可以对图表区域进行编辑和美化，还可以对图表中的不同图表对象进行修饰，如添加坐标轴、网格线、图例、图表标题等元素，从而使图表展示的数据更直观。

8.4.1 图表的组成

图表主要由绘图区、图表区、数据系列、网格线、图例区、垂直轴和水平轴等组成。其中，图表区和绘图区是最基本的，通过单击图表区可选中整个图表。当鼠标指针移至图表的不同部位时，系统就会自动显示出该部位的名称。

8.4.2 添加图表标题

图表标题即简要概括图表要表达的含义或主题，用户创建完图表后，可以自行更改或添加图表标题，具体操作步骤如下。

第1步 单击【图表标题】文本框，选中标题内容，将其删除，重新输入标题名称"第一季度费用图表"，如右图所示。

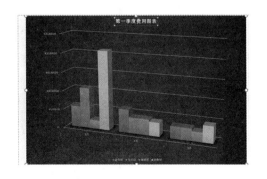

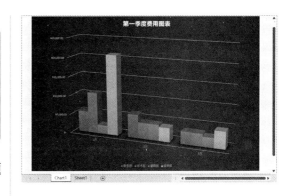

如果图表没有标题，可单击【图表设计】选项卡【图表布局】组中的【添加图表元素】按钮，在弹出的列表中，选择【图表标题】选项，可以选择【图表上方】或【居中覆盖】，将标题添加到图表中。

第2步 根据需要选中标题内容，可以调整标题文字的样式，效果如右图所示。

8.4.3 重点：添加数据标签

添加数据标签可以使图表中的数据更加直观、清晰。添加数据标签的具体操作步骤如下。

第1步 选中图表，单击【图表设计】选项卡【图表布局】组中的【添加图表元素】按钮，在弹出的下拉菜单中依次单击【数据标签】→【数据标注】选项，如下图所示。

如果要为图表中的某个系列添加数据标签，可先选中该系列的图柱，再执行添加操作。

第2步 即可在图表中添加数据标签，效果如下图所示。

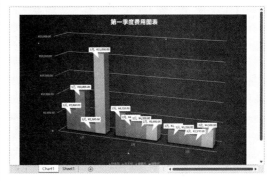

添加数据标签后，用户还可以根据情况微调其位置。

8.4.4 重点：添加数据表

在插入的图表中添加数据表的具体操作步骤如下。

第1步 选中图表，单击【图表设计】选项卡【图表布局】组中的【添加图表元素】按钮，在弹出的下拉菜单中依次单击【数据表】→【显示图例项标示】选项，如右图所示。

第2步 即可在图表中添加图例项标示的数据表，效果如右图所示。

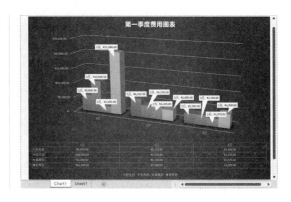

8.4.5 设置网格线

如果对默认的网格线不满意，用户可以自定义网格线。设置网格线的具体操作步骤如下。

第1步 选中图表，单击【图表设计】选项卡【图表布局】组中的【添加图表元素】按钮，在弹出的下拉菜单中选择【网格线】，在右侧列表中，用户可根据需要设置网格线效果，如选择【主轴主要垂直网格线】选项，如下图所示。

第2步 即可为图表添加主轴主要垂直网格线，效果如下图所示。

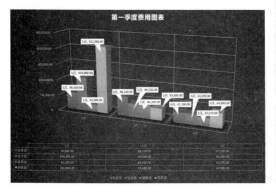

第3步 双击网格线，即可打开【设置主要网格线格式】窗格，选择【填充与线条】选项卡，并选中【线条】区域的【实线】单选按钮，可以设置线条的颜色和宽度等，如下图所示。

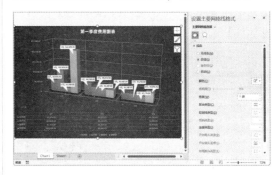

第4步 在【设置主要网格线格式】窗格中，单击【主要网格线选项】下拉按钮，在弹出的列表中，可选择要设置的元素格式，如下图所示。

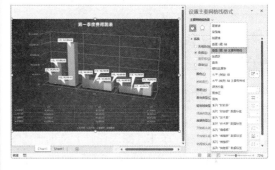

第5步 设置了水平（类别）轴线条颜色后，单击【关闭】按钮，即可完成网格线的设置，其效果如下图所示。

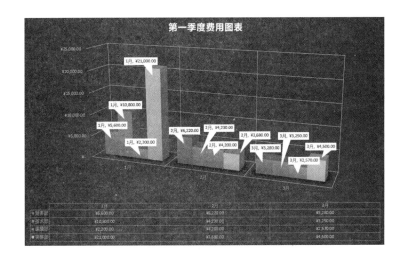

8.5 为各月销售情况创建迷你图

分析数据时常常用图表的形式来直观展示数据，有时线条过多，容易出现重叠，这时可以在单元格中插入迷你图来代替图表，从而更清楚地展示数据。为各月销售情况创建迷你图的具体操作步骤如下。

第1步 选择"Sheet1"工作表，并选中单元格E3，单击【插入】选项卡，在【迷你图】组中选择要创建的迷你图类型，如单击【折线】按钮，如下图所示。

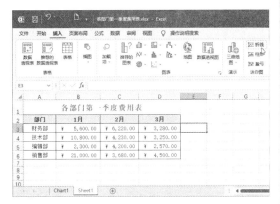

第2步 打开【创建迷你图】对话框，在【数据范围】文本框中选择引用的数据区域，在【位置范围】文本框中选择插入迷你图的目标单元格，如右图所示。

第3步 单击【确定】按钮，即可创建迷你折线图，如下图所示。

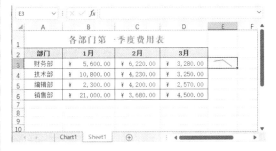

第4步 按照相同的方法，即可创建其他月份的迷你折线图，如下图所示。也可以利用自动填

充功能，完成其他单元格的迷你图创建操作。

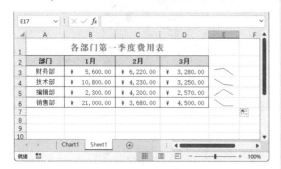

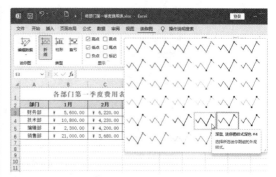

第5步 选中迷你图，单击【迷你图】选项卡，用户可以设置迷你图的显示、样式及颜色等，如在【显示】组中，单击【高点】和【低点】复选框，并单击【样式】组中的▾按钮，打开样式列表，选择一种样式，如下图所示。

第6步 修改后的迷你图，效果如下图所示。

8.6 其他常用图表的制作

Excel 2021 提供了多种内部的图表类型，本节将介绍创建各种类型图表的方法，创建后读者也可以尝试美化图表和调整布局，这里不作详细介绍。

8.6.1 折线图

折线图通常用来描绘连续的数据，这对展现趋势很有用。通常，折线图的分类轴显示相等的间隔，是一种最适合反映数据之间量的变化的图表类型。本节以折线图描绘各月份销售额波动情况为例，介绍创建折线图具体操作步骤。

第1步 打开"素材 \ch08\ 图表制作 .xlsx"工作簿，选中"折线图"工作表，选中单元格区域 A2:E5，然后单击【插入】选项卡【图表】组中的【插入折线图或面积图】按钮，在弹出的下拉列表中选择【带数据标记的折线图】选项，如右图所示。

第2步 即可在当前工作表中创建一个折线图，如右图所示。

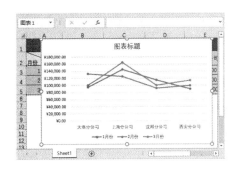

8.6.2 饼图

饼图主要用于显示数据系列中各项目与项目总和之间的比例关系。由于饼图只能显示一个系列的比例关系，因此，当选中多个系列时也只能显示其中一个系列的比例关系。创建饼图的具体操作步骤如下。

第1步 选中"饼图"工作表，选中单元格区域A2:B7，然后依次单击【插入】→【图表】→【插入饼图或圆环图】按钮，在弹出的下拉列表中选择【三维饼图】选项，如下图所示。

第2步 即可在当前工作表中创建一个三维饼图图表，如下图所示。

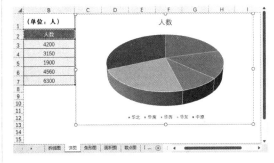

8.6.3 条形图

条形图可以显示各个项目之间的比较情况，与柱形图相似，但又有所不同，条形图显示为水平方向，柱形图显示为垂直方向。下面以销售额报表为例，介绍创建条形图的具体操作步骤。

第1步 选中"条形图"工作表，选中单元格区域 A2:E5，然后依次单击【插入】→【图表】→【插入柱形图或条形图】按钮，在弹出的下拉列表中选择【二维条形图】→【簇状条形图】选项，如右图所示。

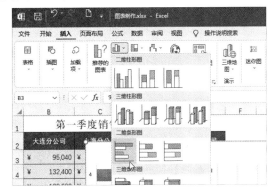

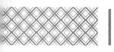

第2步 即可在当前工作表中创建一个条形图图表，调整其大小，效果如右图所示。

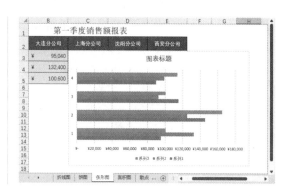

8.6.4 面积图

面积图主要用来显示每个数据的变化量，它强调的是数据随时间变化的幅度，通过显示数据的总和直观地表达出整体和部分的关系。创建面积图的具体操作步骤如下。

第1步 选中"面积图"工作表，选择单元格区域 A2:B8，然后依次单击【插入】→【图表】→【插入折线图或面积图】按钮，在弹出的下拉列表中选择【二维面积图】→【面积图】选项，如下图所示。

第2步 即可在当前工作表中创建一个面积图图表，如下图所示。

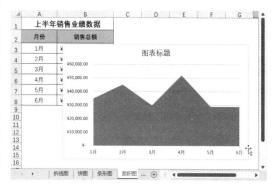

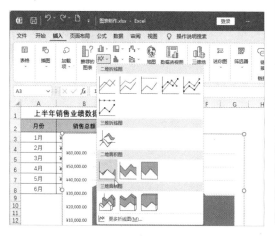

8.6.5 散点图

散点图也称为散布图或散开图。散点图与大多数图表不同，其所有的轴线都显示数值（在散点图中没有分类轴线）。散点图通常用来显示两个变量之间的关系。

创建散点图的具体操作步骤如下。

第1步 选中"散点图"工作表，选择单元格区域 A2:E5，然后依次单击【插入】→【图表】→【插入散点图（X、Y）或气泡图】按钮，在弹出的下拉列表中选择【散点图】→【带直线和数据标记的散点图】选项，如下图所示。

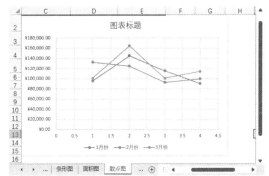

第2步 即可在当前工作表中创建一个散点图图表，如下图所示。

8.6.6 股价图

股价图主要用来显示股价的波动情况。使用股价图显示股价涨跌的具体操作步骤如下。

第1步 选中"股价图"工作表，选择数据区域的任意单元格，然后依次单击【插入】→【图表】→【插入瀑布图、漏斗图、股价图、曲面图或雷达图】按钮，在弹出的下拉列表中选择【股价图】→【成交量 - 开盘 - 盘高 - 盘低 - 收盘图】选项，如下图所示。

第2步 即可在当前工作表中创建一个股价图图表，如下图所示。

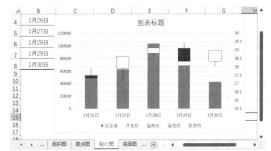

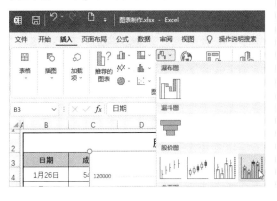

8.6.7 曲面图

曲面图实际上是折线图和面积图的另一种形式，共有 3 个轴，分别代表分类、系列和数值，可以使用曲面图找到两组数据之间的最佳组合。创建销售额报表曲面图的具体操作步骤如下。

第1步 选中"曲面图"工作表，选择单元格区域 A2:E5，依次单击【插入】→【图表】→【插入瀑布图、漏斗图、股价图、曲面图或雷达图】按钮，在弹出的下拉列表中选择【曲面图】→【三维曲面图】选项，如下图所示。

第2步 即可在当前工作表中创建一个曲面图图表，如下图所示。

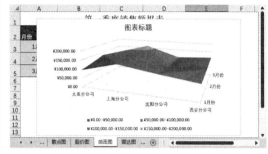

8.6.8　雷达图

雷达图有点像蜘蛛网，所以也称蛛网图，它可以同时对单个系列或多个系列进行多个类别的对比，尤其适用于系列之间的综合对比，它能直观、有效地反映各个系列的综合表现。创建雷达图的具体操作步骤如下。

第1步 选中"雷达图"工作表，选择数据区域的任意单元格，依次单击【插入】→【图表】→【插入瀑布图、漏斗图、股价图、曲面图或雷达图】按钮。在弹出的下拉列表中选择【雷达图】→【填充雷达图】选项，如下图所示。

第2步 即可在当前工作表中创建一个雷达图图表，如下图所示。

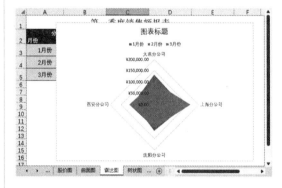

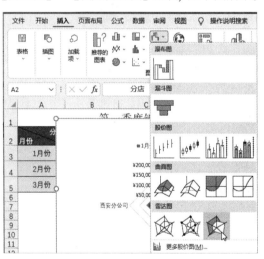

8.6.9　树状图

树状图适合展示数据的比例和数据的层次关系，它的直观和易读是其他类型的图表所无法比拟的。下面用树状图分析某快餐店一天的商品销售情况，具体操作步骤如下。

第1步 选中"树状图"工作表,选择数据区域内的任意单元格,依次单击【插入】→【图表】→【插入层次结构图表】按钮,在弹出的下拉列表中选择【树状图】选项,如下图所示。

第2步 即可在当前工作表中创建一个树状图图表,如下图所示。

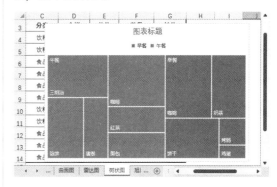

8.6.10 旭日图

旭日图主要用来分析数据的层次及所占比例。旭日图可以直观地查看不同时间段的销售额及占比情况,具体操作步骤如下。

第1步 选中"旭日图"工作表,选择数据区域内的任意单元格,依次单击【插入】→【图表】→【插入层次结构图表】按钮,在弹出的下拉列表中选择【旭日图】选项,如下图所示。

第2步 即可在当前工作表中创建一个旭日图图表,如下图所示。

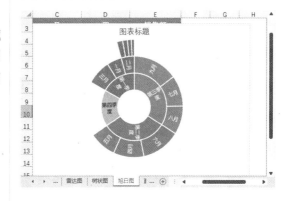

8.6.11 直方图

直方图主要用来分析数据分布比重和分布频率。创建直方图的具体操作步骤如下。

第1步 选中"直方图"工作表,选择数据区域内的任意单元格,依次单击【插入】→【图表】→【插入统计图表】按钮,在弹出的下拉列表中选择【直方图】选项,如右图所示。

第2步 即可在当前工作表中创建一个直方图图表，如右图所示。

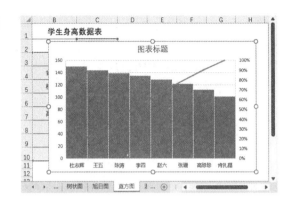

8.6.12 瀑布图

瀑布图采用绝对值与相对值结合的方式，适用于表达多个特定数值之间的数量变化关系。创建瀑布图的具体操作步骤如下。

第1步 选中"瀑布图"工作表，选择数据区域内的任意单元格，依次单击【插入】→【图表】→【插入瀑布图、漏斗图、股价图、曲面图或雷达图】按钮，在弹出的下拉列表中选择【瀑布图】选项，如下图所示。

第2步 即可在当前工作表中创建一个瀑布图图表，如下图所示。

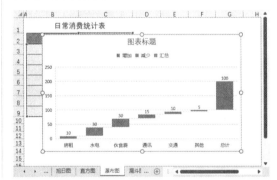

8.6.13 漏斗图

漏斗图用于显示某个项目流程中各环节的转化值。例如，使用漏斗图来显示销售渠道中每个阶段的潜在用户，随着值的逐渐减小，图表呈现漏斗形状。创建漏斗图的具体操作步骤如下。

第1步 选中"漏斗图"工作表，选择数据区域内的任意单元格，依次单击【插入】→【图表】→【插入瀑布图、漏斗图、股价图、曲面图或雷达图】按钮，在弹出的下拉列表中选择【漏斗图】选项，如右图所示。

第2步 即可在当前工作表中创建一个瀑布图图表，如下图所示。

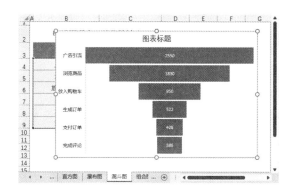

8.6.14　使用组合图表

组合图表是两种或两种以上的图表类型组合在一起的图表。下面根据销售额报表实现柱状图和折线图的组合，具体操作步骤如下。

第1步 选中"组合图"工作表，选择单元格区域 A2:E5，依次单击【插入】→【图表】→【插入组合图】按钮，在【组合图】区域下，可以选择组合图表类型，如下图所示。

> | 提示 |
>
> 也可以单击【创建自定义组合图】选项，自定义图表的不同类型的组合。

第2步 即可在当前工作表中创建一个组合图图表，如下图所示。

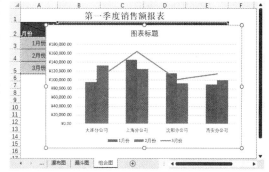

项目预算分析图表

制作项目预算分析图表时，要做到数据准确、重点突出，使读者快速了解图表信息，同时可以方便地对图表进行编辑。下面以制作项目预算分析图表为例进行介绍，具体操作步骤如下。

1. 打开素材文件

打开"素材 \ch08\ 项目预算分析表 .xlsx"工作簿，如下图所示。

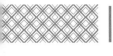

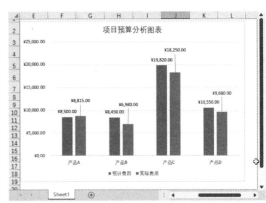

2. 创建图表

根据表格中的数据创建柱形图，如下图所示。

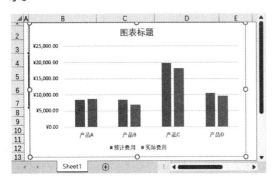

4. 美化图表

设置图表颜色、图表样式等，最终效果如下图所示。

3. 添加图表元素

调整图表大小和位置，并添加图表元素，包括添加图表标题、数据标签，如右上图所示。

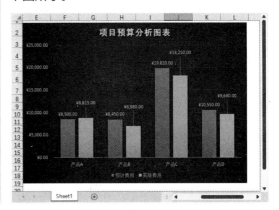

1. 分离饼图制作技巧

创建的饼状图还可以转换为分离饼图，具体操作步骤如下。

第1步 打开"素材\ch08\图表制作.xlsx"工作簿，选择"饼图"工作表，并创建一个饼状图图表，如右图所示。

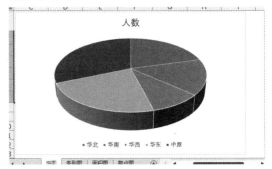

第2步 选中任意数据系列并右击，在弹出的下拉菜单中选择【设置数据系列格式】选项，如下图所示。

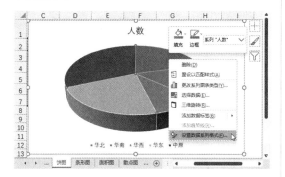

第3步 打开【设置数据系列格式】窗格，选择【系列选项】选项卡，然后在【第一扇区起始角度】文本框中输入"19°"，在【饼图分离】文本框中输入"10%"，如下图所示。

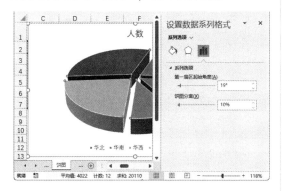

第4步 单击【图表设计】选项卡，选择图表应用样式并完成分离饼图的制作，最终效果如下图所示。

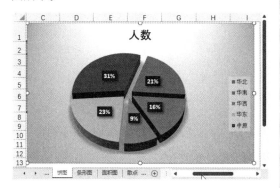

2. 新功能：在 Excel 中制作人形图表

Excel 2021 提供了 People Graph 功能，

可以制作好看的人形图表，并且可以根据需要设置图表的类型、主题和形状。

第1步 单击【插入】→【加载项】→【People Graph】按钮，如下图所示。

第2步 在打开的窗口中单击右上角的【数据】按钮，如下图所示。

第3步 在弹出界面的【标题】文本框中输入"企业员工学历组成"，单击【选择您的数据】按钮，如下图所示。

第4步 选中 A1:B5 单元格区域，单击【创建】按钮，如下图所示。

第5步 完成人形图表的创建，如下图所示。

第6步 单击右上角的【设置】按钮，在【类型】列表中选择图表类型，如下图所示。

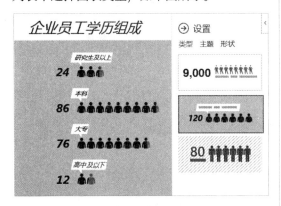

第7步 在【主题】列表中选择图表主题，如右上图所示。

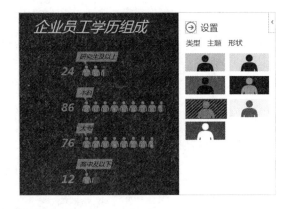

第8步 在【形状】列表中选择人形形状，如下图所示。

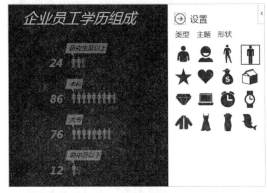

第9步 完成图表的制作，最终效果如下图所示。

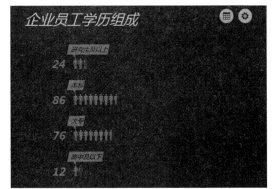

第9章

专业数据的分析——数据透视表和透视图

本章导读

作为专业的数据分析工具，数据透视表不仅可以清晰地展示出数据的汇总情况，而且对数据的分析和决策起着至关重要的作用。本章主要介绍创建、编辑和设置数据透视表，以及创建透视图和切片器的应用等内容。

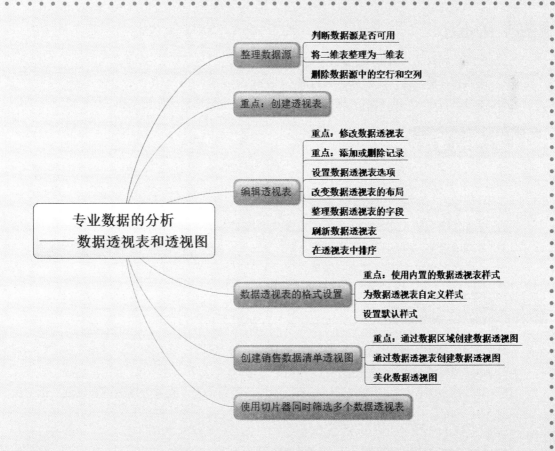

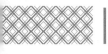
9.1 公司财务分析报表

公司财务分析报表主要包括项目名称、销售额及增长率等内容。在制作财务分析报表时要做到准确记录公司财务数据。

9.1.1 案例概述

财务分析报表是财务报告的主要组成部分，该表详细地记录了财务情况，通过对表中的数据进行分析，可以帮助经营管理人员及时发现问题，调整经营方向，制定措施改善经营管理水平，从而提高经济效益，为经济预测和决策提供依据。制作公司财务分析报表时，需要注意以下几点。

1. 数据准确

（1）制作公司财务报表时，选取单元格要准确，合并单元格要到位。

（2）统计财务项目第一季度、第二季度、第三季度和第四季度的销售额。

2. 便于统计

（1）制作的表格要完整，应精确对应各财务项目输入销售额的数据及增长率。

（2）根据各财务项目的销售额分布情况，可以划分为第一季度、第二季度、第三季度和第四季度。

3. 界面简洁

（1）合理布局财务分析报表，避免产生多余的数据。

（2）适当合并单元格，调整列宽和行高。

（3）字号不宜过大，但表格的标题与表头一栏可以适当加大、加粗字体。

9.1.2 设计思路

制作公司财务分析报表时可以按以下思路进行。

（1）创建空白工作簿，并对工作簿进行保存命名。

（2）在工作簿中输入文本与数据，并设置文本格式。

（3）合并单元格，并调整行高与列宽。

（4）设置对齐方式、标题及填充效果。

9.1.3 涉及知识点

本案例主要涉及以下知识点。

（1）创建数据透视表。

（2）编辑透视表，包括修改数据透视表、添加或删除记录、设置数据透视表选项、改变数

据透视表的布局、整理数据透视表的字段、刷新数据透视表和在数据透视表中排序等知识点。

（3）设置数据透视表的格式，主要包括设置数据透视表的样式。

（4）创建透视图，包括创建透视图、美化透视图等知识点。

9.2 整理数据源

用户可以根据有效的数据源创建数据透视表或透视图。数据源包括 4 种类型，即 Excel 列表、外部数据源、多个独立的 Excel 列表和其他数据透视表。

9.2.1 判断数据源是否可用

在制作数据透视表和透视图之前，首先需要判断数据源是否可用，常见的判断方法如下。

（1）数据源必须要有规范的字段名，不能为空，如果选择的数据源没有字段名，将会提示如下图所示的错误信息。

（2）引用外部数据时，数据源的文件名称中不能包含"[]"。例如，在 OA 系统中下载的数据文件往往带了"[1]""*****[1].xlsx"，此时会弹出如下图所示的错误信息。解决的方法是修改文件夹名称，把"[]"去掉即可。

9.2.2 将二维表整理为一维表

在实际工作中，用户的数据往往是以二维表的形式存在的，这样的数据表无法作为数据源创建理想的数据透视表。只有把二维的数据表格转换为一维表格，才能作为数据透视表的理想数据源。

将二维表转换为一维表的具体操作步骤如下。

第1步 打开"素材 \ch09\ 各季度产品销售情况表 .xlsx"工作簿，如右图所示。

第2步 按【Alt+D】组合键调出"OFFICE 旧版本菜单键序列"，然后按【P】键，即可打开【数据透视表和数据透视图向导】对话框，按照步

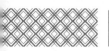
骤一步一步设置。在【步骤1】对话框中选中【多重合并计算数据区域】单选按钮，单击【下一步】按钮，如下图所示。

第3步 在【步骤 2a】对话框中选中【创建单页字段】单选按钮，单击【下一步】按钮，如下图所示。

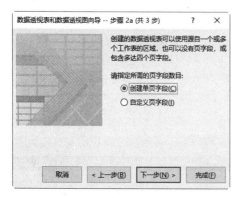

第4步 在【第 2b 步】对话框中，将鼠标指针放在【选定区域】文本框内，此时按住鼠标左键选中单元格区域 A1:E5，最后单击【添加】按钮，即可将选择的数据区域添加到【所有区域】列表框中，单击【下一步】按钮，如右图所示。

第5步 在【步骤3】对话框中选中【现有工作表】单选按钮，并在文本框中输入引用的单元格地址，如下图所示。

第6步 单击【完成】按钮，即可打开【数据透视表字段】任务窗格，然后在该任务窗格中仅选中【值】复选框，双击【求和项：值】下方单元格中的数值"735717"，如下图所示。

第7步 即可将二维表转换为一维表，如右图所示。

	行	列	值	页1
2	第一季度	产品A	35640	项1
3	第一季度	产品B	57700	项1
4	第一季度	产品C	60100	项1
5	第一季度	产品D	29800	项1
6	第二季度	产品A	45500	项1
7	第二季度	产品B	46500	项1
8	第二季度	产品C	59900	项1
9	第二季度	产品D	32600	项1
10	第三季度	产品A	29989	项1
11	第三季度	产品B	43400	项1
12	第三季度	产品C	58880	项1
13	第三季度	产品D	30900	项1
14	第四季度	产品A	50800	项1
15	第四季度	产品B	48000	项1
16	第四季度	产品C	63100	项1
17	第四季度	产品D	42908	项1

9.2.3 删除数据源中的空行和空列

对于需要制作数据透视表的数据表来说，没有空行空列既是一个必备条件，也是创建数据透视表的前期准备工作之一。删除数据源中空行空列的具体操作步骤如下。

第1步 打开"素材\ch09\员工工资统计表.xlsx"工作簿，选中单元格区域A1:D8，如下图所示。

	姓名		工资	工龄
1				
2	张三		3500	2
3	李四		3200	1
4				
5	王五		4800	3
6	赵六		6850	5
7	钱七		4650	3
8	周八		2800	1

第2步 单击【开始】选项卡【编辑】组中的【查找和选择】按钮，在弹出的下拉菜单中选择【定位条件】选项，打开【定位条件】对话框。在该对话框中选中【空值】单选按钮，如右图所示。

第3步 单击【确定】按钮，即可将数据源中的空值单元格选中，如下图所示。

	姓名		工资	工龄
1				
2	张三		3500	2
3	李四		3200	1
4				
5	王五		4800	3
6	赵六		6850	5
7	钱七		4650	3
8	周八		2800	1

第4步 在空值单元格上右击，在弹出的快捷菜单中选择【删除】选项，打开【删除】对话框，然后在该对话框中选中【下方单元格上移】单选按钮，如下图所示。

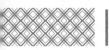

第5步 单击【确定】按钮，即可将空行删除，如下图所示。

	A	B	C	D	E
1	姓名		工资	工龄	
2	张三		3500	2	
3	李四		3200	1	
4	王五		4800	3	
5	赵六		6850	5	
6	钱七		4650	3	
7	周八		2800	1	

第6步 将鼠标指针放到 B 列上右击，在弹出的快捷菜单中选择【删除】选项，即可将空列删除，如下图所示。

	A	B	C	D	E
1	姓名	工资	工龄		
2	张三	3500	2		
3	李四	3200	1		
4	王五	4800	3		
5	赵六	6850	5		
6	钱七	4650	3		
7	周八	2800	1		
8					
9					
10					
11					
12					

Sheet1

9.3 重点：创建透视表

数据透视表可以快速汇总大量数据，使用数据透视表可以深入分析数值数据。创建数据透视表的具体操作步骤如下。

第1步 打开"素材 \ch09\ 财务分析报表 .xlsx"工作簿，如下图所示。

财务分析报表

项目	季度	销售额	增长率
资产总额	第一季度	804,851,678,737	53.62%
年末股东权益总额	第一季度	431,891,763,198	59.27%
年末负债总额	第二季度	467,902,353,438	49.00%
资产总额	第二季度	640,203,505,887	68.00%
主营业务收入	第三季度	250,982,394,082	71.00%
年末负债总额	第三季度	374,789,956,658	47.66%
主营业务收入	第三季度	745,076,435,764	63.32%
年末股东权益总额	第三季度	163,589,755,975	128.80%
净利润	第四季度	96,867,920,533	189.10%

财务分析表

第2步 选中单元格区域 B2:E11，单击【插入】选项卡【表格】组中的【数据透视表】按钮，如右图所示。

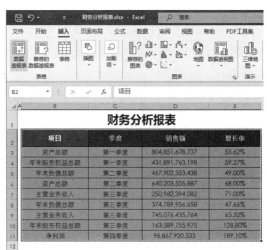

第3步 打开【创建数据透视表】对话框，此时在【表 / 区域】文本框中显示选中的数据区域，然后在【选择放置数据透视表的位置】区域内选中【新工作表】单选按钮，如下图所示。

区域中，如右图所示。

第4步 单击【确定】按钮，即可创建一个数据透视表框架，并打开【数据透视表字段】任务窗格，如下图所示。

第5步 将"销售额"字段拖曳到【Σ值】区域，然后将"季度"和"项目"字段分别拖曳至【行】

第6步 单击【关闭】按钮，创建一个数据透视表，如下图所示。

9.4 编辑透视表

创建数据透视表后，其中的数据不是一成不变的，用户可以根据自己的需要对数据透视表进行编辑，包括修改其布局、添加或删除字段、格式化表中的数据，以及对透视表进行复制和删除等操作。

9.4.1 重点：修改数据透视表

数据透视表是显示数据信息的视图，不能直接修改透视表所显示的数据项。但表中的字段名称是可以修改的，还可以修改数据透视表的布局，从而重组数据透视表。修改数据透视表的具体操作步骤如下。

第1步 选中透视表数据区域内的任意单元格并右击，在弹出的快捷菜单中选择【显示字段列表】选项，如下图所示。

第2步 打开【数据透视表字段】任务窗格，将"季度"字段拖曳到【列】区域中，如下图所示。

第3步 此时工作表中的数据透视表重组为如下图所示的透视表。

第4步 将"季度"拖曳到【行】区域中，并放置在"项目"字段上方，此时工作表中的透视表如下图所示。

9.4.2 重点：添加或删除记录表

用户可以根据需要随时在数据透视表中添加或删除字段。添加和删除字段的具体操作步骤如下。

第1步 在【数据透视表字段】任务窗格的【选择要添加到报表的字段】区域内取消选中【季度】复选框，如右图所示。

第2步 即可将该字段从数据透视表中删除，如下图所示。

第3步 将【行】列表框中的"项目"字段拖曳到【数据透视表字段】任务窗格外面，也可删除此字段，如下图所示。

第4步 如果要添加字段，可以在【选择要添加到报表的字段】区域中需要添加的字段上右击，在弹出的快捷菜单中选择【添加到行标签】选项，即可将其添加到数据透视表中，依次将"季度""项目"字段添加至行标签后的效果如下图所示。

9.4.3 设置数据透视表选项

设置数据透视表选项的具体操作步骤如下。

第1步 选中数据透视表数据区域的任意单元格，如下图所示。

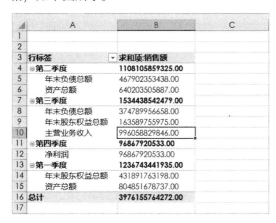

第2步 单击【数据透视表分析】选项卡下【数据透视表】组中的【选项】按钮，在弹出的下拉菜单中选择【选项】选项，如下图所示。

第3步 打开【数据透视表选项】对话框，在其中可以设置数据透视表的布局和格式、汇总和筛选、显示等，如下图所示。

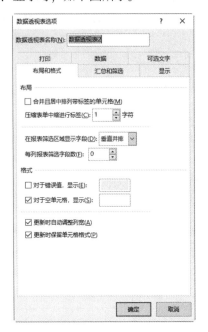

第4步 选择【汇总和筛选】选项卡，然后在【总计】区域内取消选中【显示列总计】复选框，如右上图所示。

第5步 单击【确定】按钮，即可查看设置后的数据透视表，效果如下图所示。

9.4.4 改变数据透视表的布局

改变数据透视表的布局包括设置分类汇总、设置总计、设置报表布局和空行等。设置报表布局的具体操作步骤如下。

第1步 选中数据透视表数据区域的任意单元格，单击数据透视表【设计】选项卡【布局】组中的【报表布局】按钮，在弹出的下拉菜单中选择【以表格形式显示】选项，如右图所示。

第2步 将该数据透视表以表格的形式显示，效果如下图所示。

	A	B	C
1			
2			
3	季度 ▼	项目 ▼	求和项:销售额
4	⊟第二季度	年末负债总额	467902353438.00
5		资产总额	640203505887.00
6	第二季度 汇总		1108105859325.00
7	⊟第三季度	年末负债总额	374789956658.00
8		年末股东权益总额	163589755975.00
9		主营业务收入	996058829846.00
10	第三季度 汇总		1534438542479.00
11	⊟第四季度	净利润	96867920533.00
12	第四季度 汇总		96867920533.00
13	⊟第一季度	年末股东权益总额	431891763198.00
14		资产总额	804851678737.00
15	第一季度 汇总		1236743441935.00
16			

提示

此外，还可以从下拉菜单中选择以压缩形式显示、以大纲形式显示、重复所有项目标签和不重复项目标签等选项。

9.4.5 整理数据透视表的字段

创建数据透视表后,用户还可以根据需要对数据透视表中的字段进行整理,包括重命名字段、水平展开复合字段,以及隐藏和显示字段标题。

1. 重命名字段

用户可以对数据透视表中的字段进行重命名,如将字段"总计"重命名为"销售额总计",具体操作步骤如下。

第1步 使数据透视表，显示列总计，效果如下图所示。

	A	B
1		
2		
3	行标签 ▼	求和项:销售额
4	⊟第二季度	1108105859325.00
5	年末负债总额	467902353438.00
6	资产总额	640203505887.00
7	⊟第三季度	1534438542479.00
8	年末负债总额	374789956658.00
9	年末股东权益总额	163589755975.00
10	主营业务收入	996058829846.00
11	⊟第四季度	96867920533.00
12	净利润	96867920533.00
13	⊟第一季度	1236743441935.00
14	年末股东权益总额	431891763198.00
15	资产总额	804851678737.00
16	总计	3976155764272.00

第2步 按【Ctrl+H】组合键打开【查找和替换】对话框,在【查找内容】文本框中输入"总计",在【替换为】文本框中输入"销售额总计",单击【替换】按钮,如右图所示。

第3步 单击【关闭】按钮，返回 Excel 工作表，此时可查看重命名字段后的效果，如下图所示。

	A	B
1		
2		
3	行标签 ▼	求和项:销售额
4	⊟第二季度	1108105859325.00
5	年末负债总额	467902353438.00
6	资产总额	640203505887.00
7	⊟第三季度	1534438542479.00
8	年末负债总额	374789956658.00
9	年末股东权益总额	163589755975.00
10	主营业务收入	996058829846.00
11	⊟第四季度	96867920533.00
12	净利润	96867920533.00
13	⊟第一季度	1236743441935.00
14	年末股东权益总额	431891763198.00
15	资产总额	804851678737.00
16	销售额总计	3976155764272.00

2. 水平展开复合字段

如果数据透视表中的行标签中含有复合字段，可以将其水平展开，具体操作步骤如下。

第1步 右击复合字段"第二季度"，在弹出的快捷菜单中选择【移动】→【将"季度"移至列】选项，如下图所示。

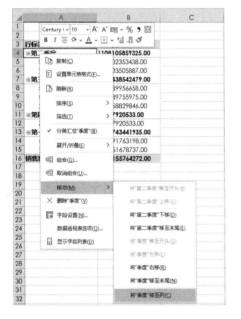

第2步 即可水平展开复合字段，如下图所示。

第3步 右击复合字段"第二季度"，在弹出的快捷菜单中选择【移动】→【将"季度"移至行】选项，即可垂直展开复合字段，如下图所示。

3. 隐藏和显示字段标题

隐藏和显示字段标题的具体操作步骤如下。

第1步 选中数据区域内的任意单元格，然后单击【数据透视表分析】选项卡【显示】组中的【字段标题】按钮，如下图所示。

第2步 即可隐藏字段标题，如下图所示。

第3步 再次单击【显示】组中的【字段标题】按钮，即可显示字段标题，如下图所示。

> **│提示│**
>
> 选中数据区域内的任意单元格并右击,在弹出的快捷菜单中选择【数据透视表选项】选项,即可打开【数据透视表选项】对话框。选择【显示】选项卡,然后取消选中【显示字段标题和筛选下拉列表】复选框,也可以隐藏字段标题。

9.4.6 刷新数据透视表

修改了数据源中的数据后,数据透视表并不会自动更新修改后的数据,用户必须执行更新数据操作才能刷新数据透视表。修改数据后,刷新数据透视表的方法如下。

方法 1:单击【数据透视表分析】选项卡【数据】组中的【刷新】按钮,在弹出的下拉菜单中选择【刷新】或【全部刷新】选项即可,如下图所示。

方法 2:选中数据透视表数据区域的任意单元格并右击,在弹出的快捷菜单中选择【刷新】选项即可,如下图所示。

9.4.7 在数据透视表中排序

创建数据透视表后,用户还可以根据需要对数据透视表中的数据进行排序。数据透视表的排序不同于普通工作表表格,具体操作步骤如下。

第 1 步 选中 B 列中的任意单元格,单击【数据】选项卡【排序和筛选】组中的【降序】按钮,如右图所示。

第2步 即可对数据进行降序排列，如右图所示。

9.5 数据透视表的格式设置

在工作表中创建数据透视表后，还可以对其格式进行设置，包括套用内置的数据透视表样式和自定义数据透视表样式，从而使数据透视表看起来更加美观。

9.5.1 重点：使用内置的数据透视表样式

用户可以使用系统自带的样式来设置数据透视表的格式，具体操作步骤如下。

 选中数据透视表数据区域任意单元格，单击【设计】选项卡【数据透视表样式】组中的【其他】按钮，在弹出的下拉列表中选择一种样式，如下图所示。

第2步 即可更改数据透视表的样式，如下图所示。

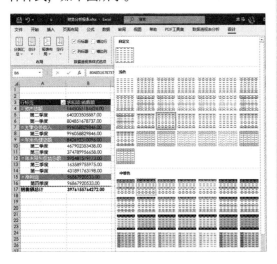

9.5.2 为数据透视表自定义样式

如果系统内置的数据透视表样式不能满足用户的需要，用户还可以自定义数据透视表样式，具体操作步骤如下。

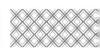

第1步 选中透视表数据区域任意单元格，依次单击【设计】→【数据透视表样式】→【其他】按钮，在弹出的下拉列表中选择【新建数据透视表样式】选项，如下图所示。

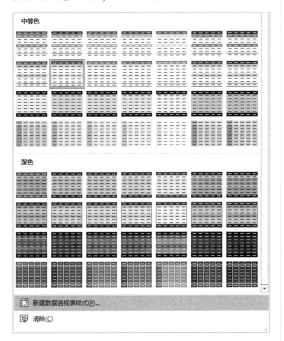

第2步 打开【新建数据透视表样式】对话框，在【名称】文本框中输入样式的名称，在【表元素】列表框中选择【整个表】选项，单击【格式】按钮，如下图所示。

第3步 打开【设置单元格格式】对话框，选择【边框】选项卡，在【样式】列表框中选择一种线条样式，在【颜色】下拉菜单中选择一种线条颜色，单击【预置】区域内的【外边框】按钮，

如下图所示。

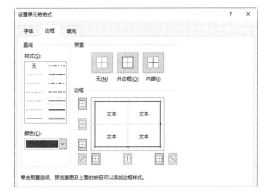

第4步 单击【确定】按钮，返回【新建数据透视表样式】对话框，按照相同的方法，设置数据透视表其他元素的样式，设置完成后单击【确定】按钮，如下图所示。

第5步 返回 Excel 工作表，再依次单击【设计】→【数据透视表样式】→【其他】按钮，在弹出的下拉列表中选择【自定义】→【自定义数据透视表样式】选项，如下图所示。

第6步 即可应用自定义的数据透视表样式，如右图所示。

	A	B
1		
2		
3	行标签	求和项:销售额
4	⊟资产总额	1445055184624.00
5	第二季度	640203505887.00
6	第一季度	804851678737.00
7	⊟主营业务收入	996058829846.00
8	第三季度	996058829846.00
9	⊟年末负债总额	842692310096.00
10	第二季度	467902353438.00
11	第三季度	374789956658.00
12	⊟年末股东权益总额	595481519173.00
13	第三季度	163589755975.00
14	第一季度	431891763198.00
15	⊟净利润	96867920533.00
16	第四季度	96867920533.00
17	销售额总计	3976155764272.00

9.5.3 设置默认样式

数据透视表的默认样式是指在新建数据透视表时自动套用的样式。设置默认样式的具体操作步骤如下。

第1步 打开"财务分析报表.xlsx"工作簿，插入数据透视表并选中数据区域内的任意单元格，依次单击数据透视表的【设计】→【数据透视表样式】→【其他】按钮，如下图所示。

第2步 在弹出的下拉菜单中选择一种样式并右击，在弹出的快捷菜单中选择【设为默认值】选项，如下图所示。设置完成后，新建数据透视表时就会自动应用此样式。

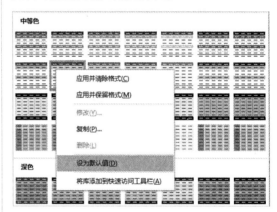

9.6 创建销售数据清单透视图

创建销售数据清单透视图有两种方法：一种是直接通过数据表中的数据区域创建数据透视图，另一种是通过已有的数据透视表创建数据透视图。

9.6.1 重点：通过数据区域创建数据透视图

通过数据区域创建数据透视图的具体操作步骤如下。

第1步 打开"素材\ch09\各季度产品销售情况表.xlsx"工作簿，如下图所示。

	A	B	C	D	E
1		产品A	产品B	产品C	产品D
2	第1季度	¥35,640.00	¥57,700.00	¥60,100.00	¥29,800.00
3	第2季度	¥45,500.00	¥46,500.00	¥59,900.00	¥32,600.00
4	第3季度	¥29,989.00	¥43,400.00	¥58,880.00	¥30,900.00
5	第4季度	¥50,800.00	¥48,000.00	¥63,100.00	¥42,908.00
6					

第2步 创建数据透视图时，数据区域不能有空白单元格，否则数据源无效。因此，选中单元格 A1，并输入"季度"，然后使用格式刷将单元格 B1 的格式应用到单元格 A1，如下图所示。

	A	B	C	D	E
1	季度	产品A	产品B	产品C	产品D
2	第1季度	¥35,640.00	¥57,700.00	¥60,100.00	¥29,800.00
3	第2季度	¥45,500.00	¥46,500.00	¥59,900.00	¥32,600.00
4	第3季度	¥29,989.00	¥43,400.00	¥58,880.00	¥30,900.00
5	第4季度	¥50,800.00	¥48,000.00	¥63,100.00	¥42,908.00
6					

第3步 选中数据区域任意单元格，单击【插入】选项卡【图表】组中的【数据透视图】下拉按钮，在弹出的下拉菜单中选择【数据透视图】选项，如下图所示。

第4步 打开【创建数据透视图】对话框，选择创建数据透视图的数据区域及数据透视图的放置位置，单击【确定】按钮，如下图所示。

第5步 创建数据透视表1，并自动打开【数据透视图字段】任务窗格，如下图所示。

第6步 在【数据透视图字段】窗格中选择要添加到视图的字段，这里将"季度"字段拖曳到【轴（类别）】区域，然后分别将"产品A""产品B""产品C"和"产品D"字段拖曳到【∑值】区域，如下图所示。

第7步 单击关闭按钮，即可在该工作表中创建销售数据透视图。调整图表大小，效果如下图所示。单击工作簿的保存按钮，将创建的数据透视表和数据透视图保存即可。

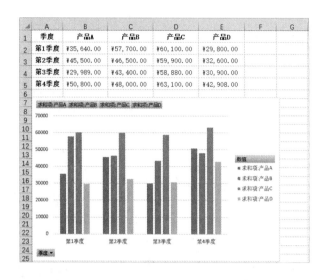

9.6.2 通过数据透视表创建数据透视图

通过数据透视表创建数据透视图的具体操作步骤如下。

第1步 打开"各季度产品销售情况数据透视图"工作簿，先创建一个数据透视表，并选中数据区域内的任意单元格，如下图所示。

第2步 单击【数据透视表分析】选项卡【工具】组中的【数据透视图】按钮，如下图所示。

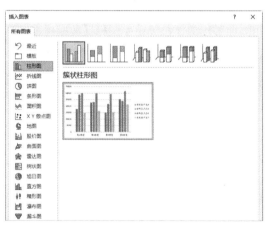

第3步 打开【插入图表】对话框，在左侧列表框中选择【柱形图】选项，并在右侧界面中选

择【簇状柱形图】选项，如下图所示。

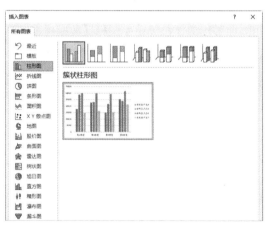

第4步 单击【确定】按钮，即可创建一个数据透视图，如下图所示。

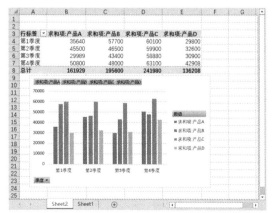

9.6.3　美化数据透视图

创建数据透视图后，用户还可以根据需要对数据透视图进行美化，如更改图表布局、美化图表区，以及设置字体和字号等，具体操作步骤如下。

第1步 接 9.6.2 节继续操作，选中创建的数据透视图，如下图所示。

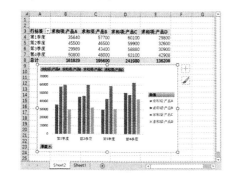

第2步 单击【设计】选项卡【图表布局】组中的【快速布局】下拉按钮，在弹出的下拉菜单中选择【布局 5】选项，如下图所示。

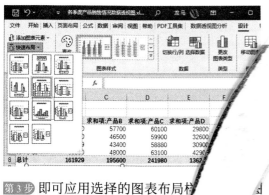

第3步 即可应用选择的图表布局样式，如下图所示。

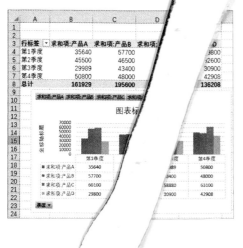

第4步 选中图表区，单击【格式】选项卡下【形状样式】组中的【其他】按钮，在弹出的下拉菜单中选择【细微效果 - 灰色，强调颜色 3】，如下图所示。

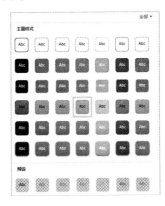

第5步 应用填充颜色后的效果如下图所示。

第6步 选中【图表标题】文本框，将其中的内容删除，并重新输入标题名称"销售数据分析"，如下图所示。

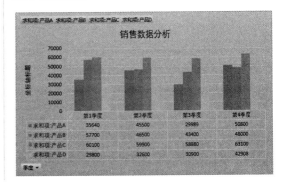

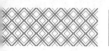

第7步 选中标题内容, 然后在【开始】选项卡【字体】组中将【字体】设置为"微软雅黑", 将【字号】设置为"18", 在【字体颜色】下拉菜单中选择一种字体颜色, 设置后的效果如右图所示。单击【保存】按钮, 将美化后的数据透视图保存即可。

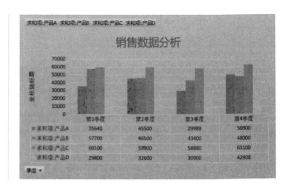

9.7 使用切片器同时筛选多个数据透视表

如果一个工作表中有多个数据透视表, 可以通过设置切片器同时筛选多个数据透视表中的数据。

使用切片器同时筛选多个数据透视表中数据的具体操作步骤如下。

第1步 打开"素材 \ch09\ 筛选多个数据 .xlsx"工作簿, 如下图所示。

第2步 选中数据区域内的任意单元格, 单击【插入】选项卡【筛选器】组中的【切片器】按钮, 如下图所示。

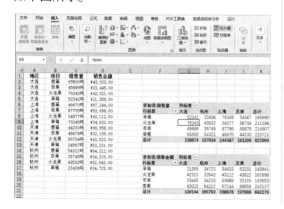

第3步 打开【插入切片器】对话框, 选中【地区】复选框, 如下图所示。

第4步 单击【确定】按钮, 即可插入【地区】切片器, 在【地区】切片器的空白区域单击, 然后单击【切片器】选项卡【切片器】组中的【报表连接】按钮, 如下图所示。

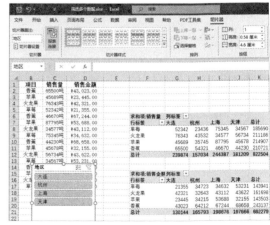

第5步 即可打开【数据透视表连接（地区）】对话框，选中【数据透视表5】和【数据透视表7】复选框，单击【确定】按钮，如下图所示。

第6步 在【地区】切片器内选择【上海】选项，此时所有数据透视表都显示出上海地区的数据，如下图所示。

制作日常办公费用开支数据透视表

公司日常办公费用开支表需要详细地记录各个项目的支出情况。通常该表会包含大量的数据，查看和管理这些数据比较麻烦，这时可以根据表格中的数据创建数据透视表，从而使数据更加清晰明了，方便查看。

制作日常办公费用开支数据透视表的具体操作步骤如下。

第1步 打开"素材\ch09\公司日常办公费用开支表.xlsx"工作簿，选中单元格区域A1:C8，单击【插入】选项卡【表格】组中的【数据透视表】按钮，如下图所示。

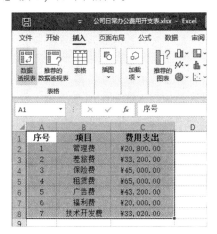

第2步 打开【创建数据透视表】对话框，选择数据区域和图表位置，单击【确定】按钮，如右图所示。

第3步 打开【数据透视表字段】任务窗格，将"序号"字段拖曳到【行】区域，将"项目"字段拖曳到【列】区域，将"费用支出"字段拖曳到【∑ 值】区域，完成数据透视表的创建，如下左图所示。

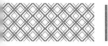

第4步 根据需要应用数据透视表样式，最终效果如下图所示。

1. 组合数据透视表内的数据项

通过组合数据项可以查看数据汇总信息。下面就根据组合日期数据来分别显示年、季度、月的销售金额汇总信息，具体操作步骤如下。

第1步 打开"素材\ch09\销售清单.xlsx"工作簿，选择"Sheet2"工作表，如下图所示。

第2步 选中【行标签】内的任意字段并右击，在弹出的快捷菜单中选择【组合】选项，如下图所示。

第3步 打开【组合】对话框，【步长】列表框中分别选择【月】【季度】【年】选项，如下图所示。

第4步 单击【确定】按钮，将按照年、季度、月显示汇总信息，如下图所示。

行标签	求和项 金额
⊟2020年	4350
⊟第三季	1100
9月	1100
⊟第四季	3250
12月	3250
⊟2021年	176978
⊟第一季	62738
1月	47988
2月	9350
3月	5400
⊟第二季	100680
4月	25220
5月	39130
6月	36330
⊟第三季	13560
7月	6240
8月	7320
总计	181328

2. 将数据透视表转为图片形式

将数据透视表转为图片形式的具体操作步骤如下。

第1步 打开"素材 \ch09\ 各季度产品销售情况表 .xlsx"工作簿，并创建数据透视表，如下图所示。

第2步 选中整个数据透视表，然后按【Ctrl+C】组合键复制数据透视表，如下图所示。

第3步 单击【开始】选项卡【剪贴板】组中的【粘贴】下拉按钮，在弹出的下拉菜单中选择【图片】选项，如右图所示。

第4步 即可将该数据透视表以图片的形式粘贴到工作表中，如下图所示。

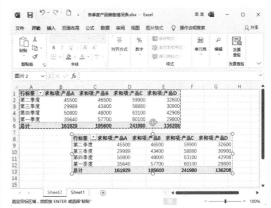

第
4
篇

办公实战篇

本篇主要介绍 Excel 办公实战的相关知识，通过对本篇内容的学习，读者可以掌握 Excel 在企业办公、人力资源管理、市场营销、财务管理等领域中的高效应用技巧。

第 10 章
Excel 在企业办公中的
高效应用

📖 本章导读

本章主要介绍 Excel 在企业办公中的高效应用，包括制作客户信息管理表、部门经费预算汇总表和员工资料统计表。通过对本章内容的学习，读者可以比较轻松地完成企业办公中的常见工作。

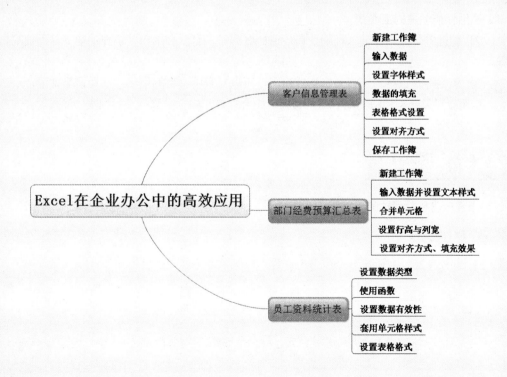

10.1 客户信息管理表

客户是企业的重要资源，现代企业在经营管理活动中，都将客户作为企业有机整体的一部分加以科学管理，制作客户信息管理表，有助于充分利用客户资源。该表通常包含客户类别、公司名称及联系电话等重要内容。

10.1.1 设计思路

制作客户信息管理表时可以按以下思路进行。

（1）创建空白工作簿，并对工作簿进行保存命名。

（2）在工作簿中输入文本与数据，并设置文本格式。

（3）合并单元格并调整行高与列宽。

（4）设置对齐方式、标题及填充效果。

（5）另存为兼容格式，共享工作簿。

10.1.2 知识点应用分析

在制作客户信息管理表时主要用到以下知识点。

（1）创建工作簿。在制作表格之前，需要创建一个新的工作簿，根据需要还可以重命名工作表，最后保存创建的工作簿。

（2）数据的填充。在输入相同或有规律的数据时，可以利用自动填充功能，从而提高办公效率。

（3）表格格式设置。通过表格格式设置，可以对表中文字的字体、字号及字体颜色等进行美化，也可以对单元格和段落格式进行设置，如合并单元格、调整行高和列宽、设置对齐方式、设置填充效果等。

10.1.3 案例实战

制作客户信息管理表的具体操作步骤如下。

1. 建立表格

第1步 启动 Excel 2021，新建一个空白工作簿，并保存为"客户信息管理表 .xlsx"工作簿，如下图所示。

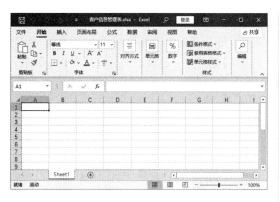

第2步 选中 A1 单元格，输入"客户信息管理表"，按【Enter】键完成输入，然后按照相同的方法分别在 A2:G2 单元格区域中输入表头内容，如下图所示。

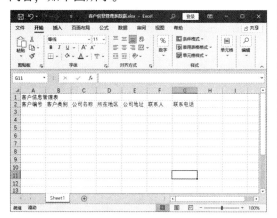

第3步 分别在 A3 和 A4 单元格中输入"'0001"和"'0002"，按【Enter】键完成输入，即可将输入的数字转换为文本格式，如下图所示。注意，其中的单引号需要在英文状态下输入。

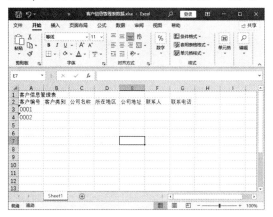

第4步 利用自动填充功能，完成其他单元格的

输入操作，如下图所示。

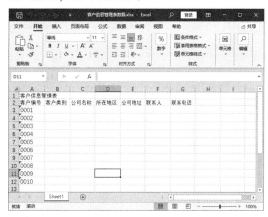

第5步 根据客户的具体信息，在表格中输入具体内容，如下图所示。

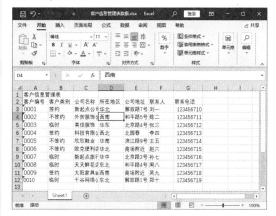

2. 表格的美化

第1步 选中 A1:G1 单元格区域，单击【开始】选项卡【对齐方式】组中的【合并后居中】按钮，将选中的单元格区域合并成一个单元格，且标题内容居中显示，如下图所示。

第2步 选中 A1 单元格，在【开始】选项卡【字体】组中设置字体为华文中宋，字号为 18，在【字体颜色】下拉列表中选择一种颜色，设置后的效果如下图所示。

第3步 选中 A2:G2 单元格区域，在【字体】组中设置字体为等线，字号为 12，单击【加粗】按钮 **B**，效果如下图所示。

第4步 选中 A2:G2 单元格区域，按【Ctrl+1】组合键打开【设置单元格格式】对话框，选择【填充】选项卡，在【背景色】区域中选择一种需要的填充颜色，单击【确定】按钮，如下图所示。

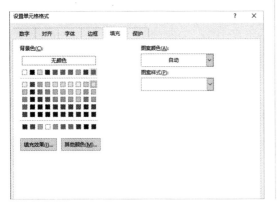

第5步 选中单元格区域 A3:G12，按【Ctrl+1】组合键打开【设置单元格格式】对话框，选择【边框】选项卡，设置边框样式后单击【确定】按钮，如下图所示。

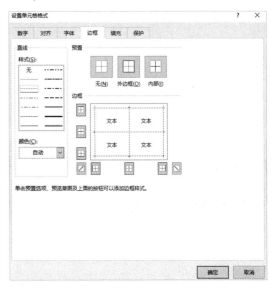

第6步 选中 A2:G12 单元格区域，单击【开始】选项卡【对齐方式】组中的【居中】按钮，将选中的内容设置为居中显示，如下图所示。

第7步 适当调整行高和列宽，最终效果如下图所示，按【Ctrl+S】组合键保存工作簿。

10.2 部门经费预算汇总表

部门经费预算对企业统计费用的支出和成本非常重要，企业按照经费预算汇总表严格控制支出，如有超出，则需要进行审批。企业还可以对预算和执行情况进行对比和研究分析，为下一年的预算决策提供科学的依据。

10.2.1 设计思路

制作部门经费预算汇总表时可以按以下思路进行。

(1) 创建空白工作簿，并对工作簿进行保存命名。

(2) 在工作簿中输入文本与数据，并设置文本格式。

(3) 合并单元格并调整行高与列宽。

(4) 设置对齐方式、标题及填充效果。

(5) 另存为兼容格式，共享工作簿。

10.2.2 知识点应用分析

部门经费预算汇总表在制作时主要涉及以下知识点。

(1) 设置数据类型。在该表格中会使用到"货币"格式，用来记录货币相关的数据。

(2) 设置条件格式。设置条件格式以突出显示表格中的合计内容。

(3) 美化表格。在部门经费预算汇总表制作完成后，还需要对表格进行美化，包括合并单元格、设置边框、设置字体和字号、调整列宽和行高、设置填充效果及设置对齐方式等。

10.2.3 案例实战

制作部门经费预算汇总表的具体操作如下。

1. 新建"部门经费预算汇总表"工作簿

第1步 启动 Excel 2021，新建一个空白工作簿，并命名为"部门经费预算汇总表"，如右图所示。

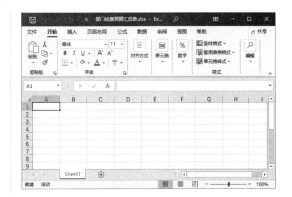

第2步 双击工作表标签"Sheet1"，使其处于编辑状态，然后重命名为"经费预算表"，如下图所示。

2. 输入表格内容

第1步 选中 A1 单元格，输入标题"部门经费预算汇总表"，按【Enter】键完成输入，然后按照相同的方法在 A2:G2 单元格区域输入表头内容，如下图所示。

第2步 根据表格的具体内容，分别在各个单元格中输入内容，如下图所示。

3. 美化表格

第1步 先选中 A1:G1 单元格区域，按住【Ctrl】键的同时依次选中单元格区域 A3:A6、A7:A11、A12:A15、A16:A21，如右图所示。

第2步 单击【开始】选项卡【对齐方式】组中【合并后居中】按钮 田 v，将选中的单元格区域合并成一个单元格，且其中的内容居中显示，如下图所示。

第3步 选中 A1 单元格，按【Ctrl+1】组合键打开【设置单元格格式】对话框，选择【字体】选项卡，按照下图设置字体、字形、字号和颜色。

第4步 选择【填充】选项卡，然后在【背景色】区域选择一种填充颜色，如下图所示。

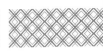

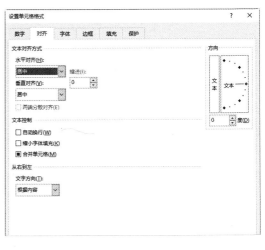

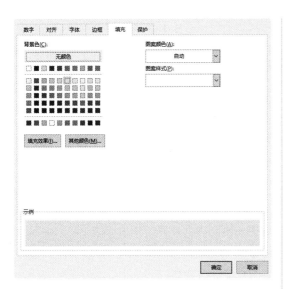

第5步 单击【确定】按钮，返回工作表，并调整行高和列宽，设置后的效果如下图所示。

第6步 选中 A2:G2 单元格区域，在【字体】组中将字号设置为 12，单击【加粗】按钮 B ，使单元格中的文本能够突出显示，如下图所示。

第7步 选中 A2:G21 单元格区域，打开【设置单元格格式】对话框，选择【对齐】选项卡，将【水平对齐】和【垂直对齐】均设置为【居中】，如下图所示。

第8步 选择【边框】选项卡，分别选择【预置】区域中的【外边框】和【内部】选项，如下图所示。

第9步 单击【确定】按钮，即可完成对齐方式及边框的设置，如下图所示。

4. 设置条件格式及数据类型

第1步 选中 C3:F21 单元格区域，然后单击【开始】选项卡【数字】组中的【数字格式】下拉按钮，在弹出的下拉菜单中选择【货币】选项，如下图所示。

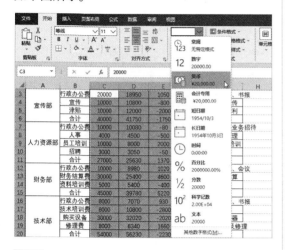

第2步 即可将选中的数据设置为货币格式，如下图所示。

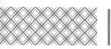

第3步 选中 B2:B21 单元格区域，单击【开始】选项卡【样式】组中的【条件格式】下拉按钮，在弹出的下拉菜单中依次选择【突出显示单元

格规则】→【等于】选项，如下图所示。

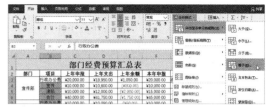

第4步 打开【等于】对话框，在【为等于以下值的单元格设置格式】文本框中输入"合计"，然后在【设置为】下拉菜单中选择突出显示这些单元格的填充样式，如下图所示。

第5步 单击【确定】按钮，完成条件格式的设置，然后适当调整行高和列宽，使文字完全显示。至此，部门经费预算汇总表就制作完成了，如下图所示。最后将其存为兼容格式并共享即可。

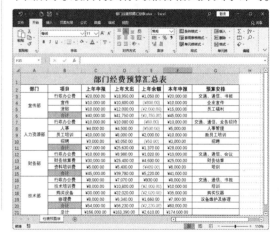

10.3 员工资料统计表

员工资料统计表能使员工信息更系统化、条理化，从而使数据更加清晰地呈现。通过员工资料统计表，企业可以掌握员工的基本信息，并分析企业现有人力资源的整体优势与不足。

10.3.1 设计思路

制作员工资料统计表时可以按以下思路进行。

(1) 创建空白工作簿，并对工作簿进行保存命名。

(2) 在工作簿中输入文本与数据并设置文本格式。

(3) 通过函数提取员工的年龄及性别。

(4) 合并单元格并调整行高与列宽。

(5) 设置对齐方式、标题及填充效果。

(6) 为工作簿设置密码保护。

10.3.2 知识点应用分析

在制作员工资料统计表时主要用到以下知识点。

(1) 设置数据类型。在制作表格时会输入员工身份证号码，将身份证号码设置为文本格式，从而使输入的身份证号码能够完整地显示出来。

(2) 使用函数从员工身份证号码中提取性别及出生日期信息。

(3) 设置数据有效性。设置数据输入条件，可以根据输入信息提示快速且准确地输入数据。

(4) 套用单元格样式。使用 Excel 2021 内置的单元格样式设置标题及填充效果。

(5) 表格格式设置。通过表格格式设置，可以对文字内容的字体、字号及颜色等进行美化，也可以对单元格和段落格式进行设置，如合并单元格、调整行高和列宽、设置对齐方式等。

10.3.3 案例实战

制作员工资料统计表的具体操作步骤如下。

1. 建立表格

第1步 启动 Excel 2021，新建一个空白工作簿，并命名为"员工资料统计表"，如下图所示。

第2步 选中 A1 单元格，并输入"员工资料统计表"，按【Enter】键完成输入，然后按照相

同的方法分别在其他单元格中输入表格的具体内容，如下图所示。

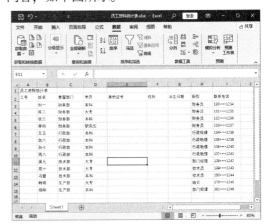

第3步 选中 A3:A15 单元格区域，然后依次单击【数据】→【数据工具】→【数据验证】按钮，打开【数据验证】对话框，选择【设置】选项卡，在【允许】下拉菜单中选择【文本长度】选项，在【数据】下拉菜单中选择【等于】选项，在【长度】文本框中输入"4"，如下图所示。

第4步 选择【输入信息】选项卡，在【标题】文本框中输入"输入员工工号"，在【输入信息】列表框中输入"请输入4位数字的工号"，如下图所示。

第5步 选择【出错警告】选项卡，在【样式】下拉菜单中选择【停止】选项，在【标题】文本框中输入"输入错误"，在【错误信息】列表框中输入"输入错误，请重新输入4位数字的工号！"，如右上图所示。

第6步 单击【确定】按钮，返回工作表，此时单击 A3:A15 单元格区域内的任意单元格，都会显示输入信息提示，并且当输入不满足设置条件的数据时，会弹出【输入错误】警告框，如下图所示。

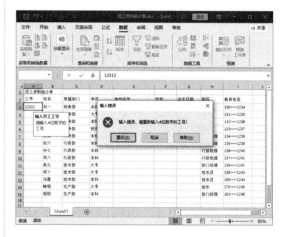

第7步 根据设置的数据有效性，完成员工工号的输入操作，如下图所示。

第8步 选中 E3 单元格，先在其中输入"'"，然后输入身份证号码，即可将输入的身份证号码转换为文本格式。按照相同的方法，在 E4:E15 单元格区域输入其他员工的身份证号码，如右图所示。

2. 使用函数从身份证号码中提取性别和年龄

第1步 选中 F3 单元格，输入公式"=IF (MOD (RIGHT(LEFT(E3,17)),2)," 男 "," 女 ")"，按【Enter】键确认输入，即可在选中的单元格中显示第一位员工的性别信息，如下图所示。

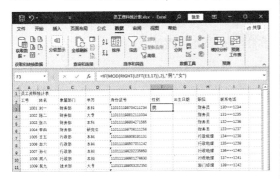

第2步 利用自动填充功能，提取出其他员工的性别信息，如下图所示。

第3步 选中 G3 单元格，输入公式"=TEXT(MID (E3,7,6+(LEN(E3)=18)*2),"#-00-00")"，按【Enter】键确认输入，即可在选中的单元格中显示第一位员工的出生日期信息，如下图所示。

第4步 利用自动填充功能，提取出其他员工的出生日期信息，如下图所示。

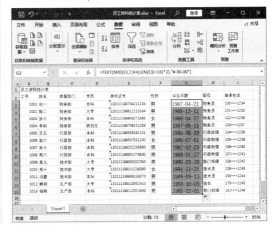

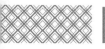

Excel 2021
办公应用从入门到精通

3. 套用单元格样式

第1步 选中 A1:I1 单元格区域，单击【开始】选项卡【对齐方式】组中的【合并后居中】按钮 🔲 ▾，将选中的单元格区域合并为一个单元格，且标题内容居中显示，如下图所示。

第2步 选中 A1 单元格，单击【开始】选项卡【样式】组中的【单元格样式】按钮，在弹出的下拉列表中选择【标题】区域内的【标题1】选项，如下图所示。

第3步 即可应用选择的标题样式，如下图所示。

第4步 选中 A2:I15 单元格区域，单击【样式】组中的【套用表格格式】按钮，在弹出的下拉列表中选择想应用的表格格式，如右上图所示。

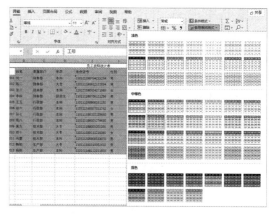

第5步 在弹出的对话框中单击【确定】按钮，即可应用表格样式。然后单击【表设计】选项卡【工具】组中的【转换为区域】按钮，将其转换为普通区域，如下图所示。

4. 文本段落格式化

第1步 选中 A2:I2 单元格区域，在【开始】选项卡【字体】组中将字号设置为12，然后单击【加粗】按钮 B，如下图所示。

第2步 选中 A2:I15 单元格区域，按【Ctrl+1】组合键打开【设置单元格格式】对话框，选择【对齐】选项卡，将【水平对齐】和【垂直对齐】均设置为【居中】，如下图所示。

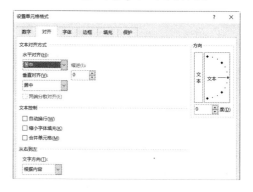

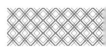
第3步 单击【确定】按钮，即可调整单元格区域的对齐方式，效果如下图所示。

第4步 根据需要调整数据区域的行高和列宽，然后单击【审阅】选项卡【保护】组中的【保护工作簿】按钮，如下图所示。

第5步 在弹出的【保护结构和窗口】对话框中输入密码，如下图所示。

第6步 单击【确定】按钮，在弹出的【确认密码】对话框中再次输入密码，单击【确定】按钮即可完成设置，如下图所示。

第 11 章

Excel 在人力资源管理中的高效应用

本章导读

本章主要介绍 Excel 在人力资源管理中的高效应用，包括制作公司年度培训计划表、员工招聘流程图及员工绩效考核表。通过对这些知识的学习，读者可以掌握 Excel 在人力资源管理中的应用技巧。

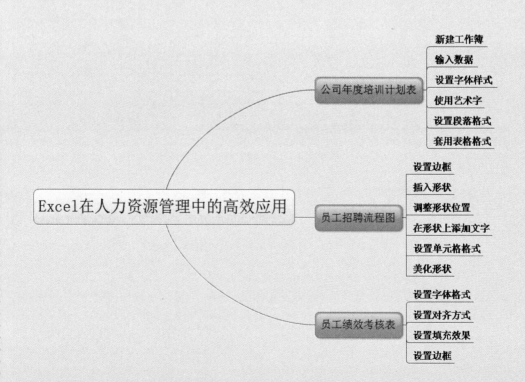

11.1 公司年度培训计划表

为了提高员工和管理人员的素质，提高公司的管理水平，企业常常会制订完善的年度培训计划，对员工进行有效的培训。公司年度培训计划表一般包括培训类别、培训名称、培训目标、培训时间及培训方式等内容。

11.1.1 设计思路

制作公司年度培训计划表时可以按以下思路进行。

(1) 创建空白工作簿，并对工作簿进行保存命名。

(2) 在工作簿中输入文本与数据，并设置文本格式。

(3) 设置单元格格式。

(4) 合并单元格并调整行高与列宽。

(5) 设置对齐方式、标题及边框。

11.1.2 知识点应用分析

公司年度培训计划表在制作时主要涉及以下知识点。

(1) 使用艺术字。艺术字可以增加表格的美感，在 Excel 中主要用于标题，可以使标题更加醒目、美观。

(2) 套用表格样式。Excel 2021 提供了 60 种表格样式，方便用户快速套用样式，制作出漂亮的表格。

11.1.3 案例实战

制作公司年度培训计划表的具体操作步骤如下。

1. 建立表格

第1步 启动 Excel 2021，新建一个空白工作簿，并命名为"公司年度培训计划表"，如右图所示。

第2步 选中单元格A2并输入"序号"，按【Enter】键完成输入，然后按照相同的方法在单元格区域B2:K2中输入表头内容，如下图所示。

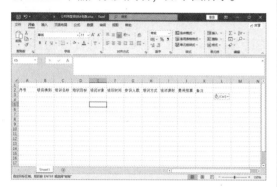

第3步 选中单元格区域A3:K15，在其中输入具体内容（可以直接复制"素材\ch11\公司年度培训计划表数据.xlsx"中的数据），如下图所示。

2. 使用艺术字

第1步 单击【插入】选项卡【文本】组中的【艺术字】下拉按钮，在弹出的下拉列表中选择一种艺术字样式，如下图所示。

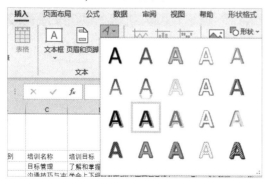

第2步 在工作表中插入一个艺术字文本框，输

入标题"公司年度培训计划表"，并将字号设置为36，如下图所示。

第3步 适当地调整第一行的行高，将艺术字拖曳至A1:K1单元格区域，然后将艺术字文本框的背景使用"白色"填充，并【居中】对齐，效果如下图所示。

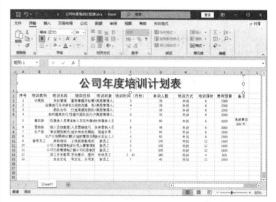

3. 文本段落格式化

第1步 选中单元格区域A2:K2，在【开始】选项卡【字体】组中将字号设置为12，单击【加粗】按钮，并调整各列列宽，使单元格中的字体完整地显示出来，如下图所示。

第2步 选中单元格区域A2:K15，按【Ctrl+1】组合键打开【设置单元格格式】对话框，选择

【对齐】选项卡，将【水平对齐】和【垂直对齐】均设置为【居中】，选中【文本控制】区域内的【自动换行】复选框，如下图所示。

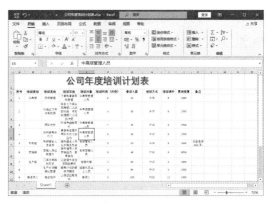

4. 套用表格格式

第1步 选中 A2:K15 单元格区域，单击【开始】选项卡【样式】组中的【套用表格格式】按钮，在弹出的下拉列表中选择想套用的格式，如下图所示。

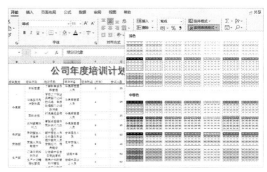

第3步 选择【边框】选项卡，依次选择【预置】区域中的【外边框】和【内部】选项，如下图所示。

第2步 在弹出的【创建表】对话框中单击【确定】按钮，如下图所示。

第3步 即可套用选择的表格样式，如下图所示。

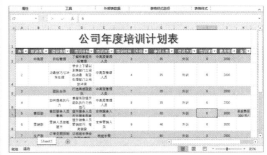

第4步 单击【确定】按钮，即可返回工作表查看设置后的效果，如右上图所示。

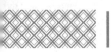

第4步 单击【表设计】选项卡【工具】组中的【转换为区域】选项，如下图所示。

第5步 在弹出的提示框中单击【是】按钮，如下图所示。

第6步 转换完成后依次合并单元格区域 B3:B6、B9:B10、B11:B15、K7:K8，设置其中的文本居中显示，最终效果如下图所示。

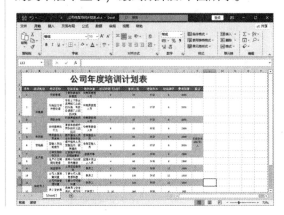

11.2 员工招聘流程图

随着经济的快速发展和人才的大量流动，企业之间的竞争日益激烈，以人为本的管理制度成为企业立足的根本。因此，人才招聘是人力资源管理中非常重要的一环，尤其是当企业出现需要快速填补的职位空缺时，人力资源部门就应先制作出一份完整的招聘流程图，以确保优秀人才能够及时补充。

11.2.1 设计思路

制作员工招聘流程图时可以按以下思路进行。
（1）创建空白工作簿并对工作簿进行保存命名。
（2）绘制招聘流程图的表格。
（3）应用自选图形绘制招聘流程图。
（4）在招聘流程图中输入文本信息。
（5）美化招聘流程图。

11.2.2 知识点应用分析

在制作招聘流程图时主要涉及以下知识点。
（1）设置边框。设置边框来绘制招聘流程图的表格。
（2）插入形状。Excel 2021 自带多种形状，从中选取"流程图：可选过程"形状和"流程图：决策"形状来绘制招聘流程图的具体内容。

（3）设置单元格格式。设置单元格格式是制作流程图必不可少的操作之一，本案例中主要设置单元格的对齐方式及字体格式。

11.2.3 案例实战

制作员工招聘流程图的具体操作步骤如下。

第1步 启动 Excel 2021，新建一个空白工作簿，命名为"员工招聘流程图"工作簿，如下图所示。

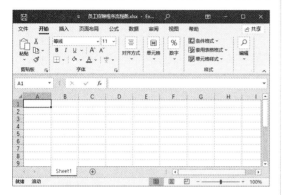

第2步 选中单元格区域 A2:F2，按【Ctrl+1】组合键打开【设置单元格格式】对话框，选择【边框】选项卡，选择【预置】区域中的【外边框】和【内部】选项，如下图所示。

第3步 单击【确定】按钮，即可为选中的单元格区域设置边框线，如右上图所示。

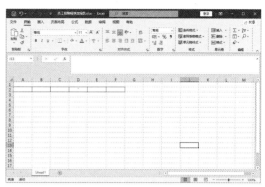

第4步 选中单元格区域 A3:F57，并打开【设置单元格格式】对话框，选择【边框】选项卡，在【预置】区域中选择【外边框】选项，并单击【边框】区域中的按钮，如下图所示。

第5步 单击【确定】按钮，即可将选中的单元格区域设置成如下图所示的样式。

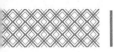

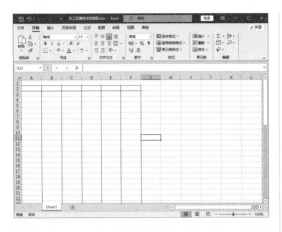

第6步 根据需要调整表格的行高和列宽，调整后的效果如下图所示。

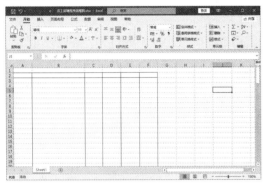

1. 应用自选图形绘制招聘流程图

第1步 单击【插入】选项卡【插图】组中的【形状】按钮，在弹出的下拉列表中选择【流程图】区域内的【流程图：可选过程】选项，如下图所示。

第2步 此时鼠标指针形状发生变化，单击工作表中的任意位置绘制一个"流程图：可选过程"图形，如下图所示。

第3步 先选中一个图形并复制，然后按【Ctrl+V】组合键16次，即可在工作表中再添加16个相同的图形，如下图所示。

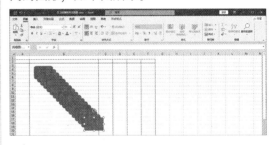

第4步 在【形状】下拉列表中选择【流程图】区域内的【流程图：决策】选项，然后单击工作表中的任意位置绘制两个"流程图：决策"图形，如下图所示。

第 5 步 移动形状至合适的位置并根据需要对其高度和宽度进行调整，设置后的效果如下图所示。

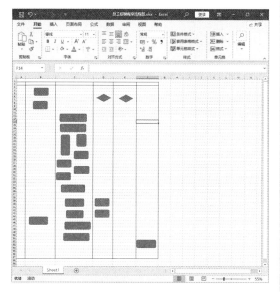

第 6 步 在【形状】下拉列表中选择【线条】区域内的【肘形箭头连接符】选项，然后在工作表中绘制一条连接"流程图：可选过程"和"流程图：决策"的线条，最后按照相同的方法再绘制两条连接线条，并调整其位置，如下图所示。

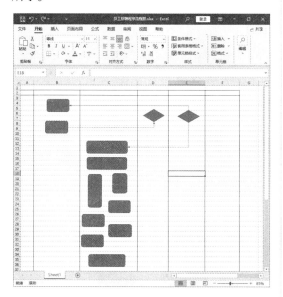

第 7 步 依次在工作表中插入"下箭头"形状、"右箭头"形状、"左箭头"形状和"上箭头"形状。

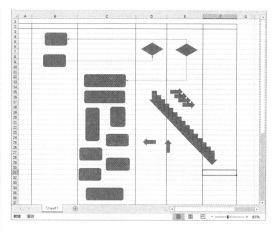

第 8 步 根据流程图的具体内容移动并调整所有箭头到合适的位置，最终的效果如下图所示。

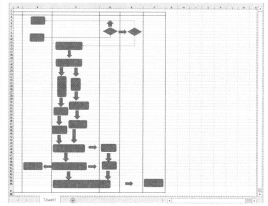

2. 添加文字

第 1 步 选中单元格 A1，输入"员工招聘流程图"，如下图所示。

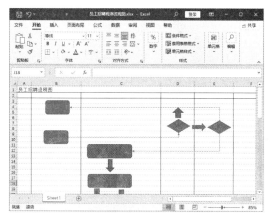

第 2 步 选中单元格区域 B2:F2，在其中分别输入"用人部门""人力资源部""用人部门分

管领导""总经理""关联流程"，如下图所示。

第3步 在工作表中选中任意形状并右击，在弹出的快捷菜单中选择【编辑文字】选项，效果如下图所示。

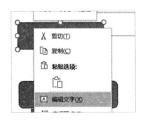

第4步 此时该形状处于编辑状态，根据企业招聘流程图的具体内容输入"取消或延迟"，然后按照相同的方法在余下的形状中输入相应的文本信息，如下图所示。

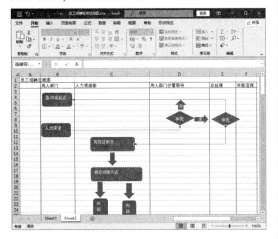

3. 设置单元格格式

第1步 选中单元格区域 A1:F1，单击【开始】选项卡【对齐方式】组中的【合并后居中】按钮，将选中的单元格区域合并成一个单元格，如右上图所示。

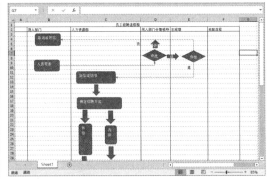

第2步 选中单元格 A1，在【字体】组中设置字体为微软雅黑，字号为 20，在【字体颜色】下拉列表中选择一种颜色，并调整该行的行高，使单元格中的字体能够完整地显示出来，如下图所示。

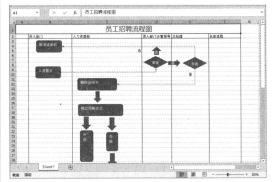

第3步 选中单元格区域 B2:F2，在【字体】组中设置字号为 12，单击【加粗】按钮，单击【对齐方式】组中的【居中】按钮，设置后的效果如下图所示。

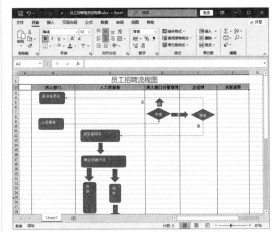

第4步 选中流程图中的所有形状，在【对齐方式】组中分别单击【垂直居中】按钮和【居中】按钮，即可将形状中的内容设置为水平居中和垂直居中，效果如下图所示。

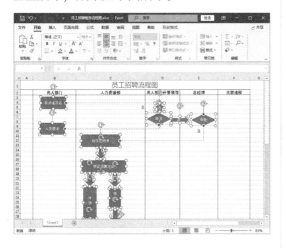

4. 美化员工招聘流程图

第1步 选中招聘流程图中的所有形状，然后单击【形状格式】选项卡【形状样式】组中的【其他】按钮，在弹出的下拉列表中选择一种形状样式，如下图所示。

第2步 即可应用选择的形状样式，如下图所示。

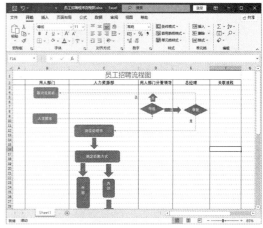

第3步 取消选中【视图】选项卡【显示】组中的【网格线】复选框，即可将网格线隐藏起来，从而使整个工作界面更简洁美观。至此，就完成了员工招聘流程图的制作及美化，效果如下图所示。

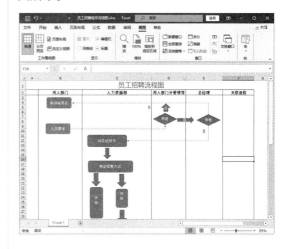

11.3 员工绩效考核表

根据员工绩效考核表，可以对员工的工作业绩、工作能力、工作态度及个人品德等进行评价和统计，并根据评估的结果对员工将来的工作行为和工作业绩进行正面引导。

11.3.1 设计思路

制作员工绩效考核表时可以按以下思路进行。

（1）创建空白工作簿并对工作簿进行保存命名。

（2）在工作簿中输入文本与数据。

（3）合并单元格并调整行高与列宽。

（4）设置对齐方式、边框及填充效果。

11.3.2 知识点应用分析

制作员工绩效考核表时主要用到以下知识点。

（1）设置字体格式。设置字体格式主要是对表格内的字体、字号、字体颜色及特殊效果进行设置。

（2）设置对齐方式。本案例中主要设置文本对齐方式和文本控制（合并单元格）内容，使表格看起来更加美观。

（3）强制换行。按【Alt+Enter】组合键强制将表格中的内容换行显示。

（4）设置填充效果。为表格中的部分内容设置填充效果，以突出显示该内容。

（5）设置边框。本案例主要使用自定义边框，用户可以根据需要自定义边框线条的样式和颜色等。

11.3.3 案例实战

制作员工绩效考核表的具体操作步骤如下。

1. 建立表格

第1步 启动 Excel 2021，新建一个空白工作簿，并命名为"员工绩效考核表"，如下图所示。

第2步 分别在单元格 A1 及单元格区域 A2:I40 中输入表格标题和具体内容（也可以直接复制

"员工绩效考核表数据 .xlsx"中的数据），如下图所示。

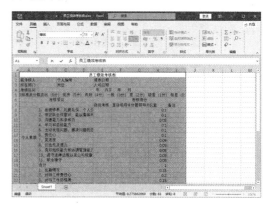

2. 设置单元格格式

第1步 选中 A1:I1 单元格区域，单击【开始】选项卡【对齐方式】组中的【合并后居中】按

钮，如下图所示，即可将选中的单元格区域合并成一个单元格。

第2步 按照相同的方法合并表格中需要合并的单元格区域，如下图所示。

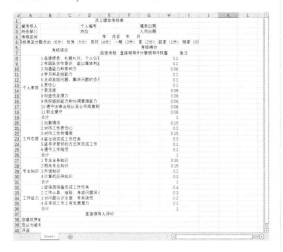

第3步 根据需要调整表格的行高和列宽，使表格中的文字能够完整地显示出来，如下图所示。

第4步 将鼠标指针移到单元格 A5 的"考核标准及分数"文本内容中，按【Alt+Enter】组合

键，即可将其强制换行显示，如下图所示。

第5步 选中单元格区域 A38:A39，依次单击【开始】选项卡【对齐方式】组中的【自动换行】按钮，即可使选中的文本内容自动换行显示。

第6步 依次选中单元格区域 A2:I4、E7:I36，以及单元格 B19、B26、B31、B36，然后单击【对齐方式】组中的【居中】按钮，如下图所示，即可将选中的文本内容设置为居中显示。

第7步 选中单元格区域 A2:I40，按【Ctrl+1】组合键打开【设置单元格格式】对话框，选择【边框】选项卡，分别选择【外边框】和【内部】的线条样式，如下图所示。

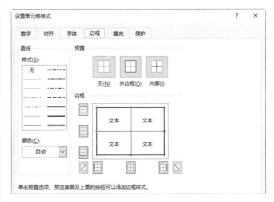

第8步 单击【确定】按钮，即可为表格设置边框，

如下图所示。

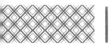

3. 美化表格

第1步 选中单元格 A1，在【字体】组中设置字体为华文新魏，字号为20，并在【字体颜色】下拉列表中选择需要的字体颜色，单击【加粗】按钮，设置后的效果如下图所示。

第2步 分别选中单元格区域 B19:G19、B26:G26、B31:G31 和 B36:G36，打开【设置单元格格式】对话框，选择【填充】选项卡，在【背景色】区域中选择一种填充颜色，如下图所示。

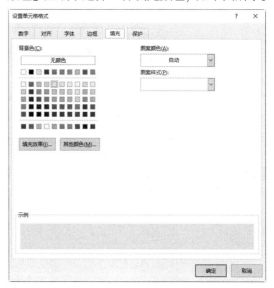

第3步 单击【确定】按钮，即可为选中的单元格区域设置填充效果。至此，就完成了员工绩效考核表的制作及美化，最终效果如下图所示。

第12章

Excel 在市场营销中的高效应用

本章导读

作为 Excel 的最新版本，Excel 2021 具有强大的数据分析管理能力，在市场营销中有着广泛的应用。本章根据其在市场营销中的实际应用状况，详细介绍了市场营销项目计划表、产品销售分析与预测表，以及进销存管理表的制作及美化。

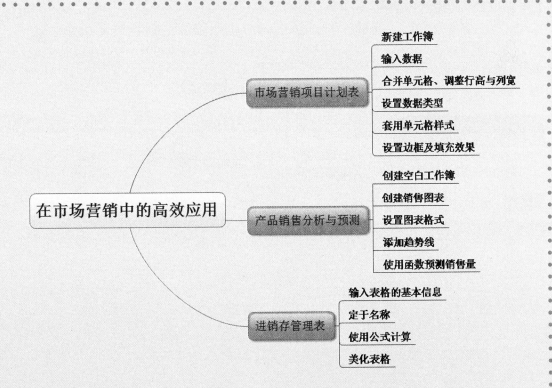

Excel 2021
办公应用从入门到精通

12.1 市场营销项目计划表

市场营销项目计划表主要用于对市场营销的状况进行分析，通过市场营销项目计划表，企业可以及时掌握营销项目的执行状态及对项目成本的估计。

12.1.1 设计思路

在制作市场营销项目计划表时可以按以下思路进行。

（1）创建空白工作簿并对工作簿进行保存命名。

（2）在工作簿中输入文本与数据。

（3）合并单元格并调整行高与列宽。

（4）设置对齐方式及填充效果。

（5）套用单元格样式设置标题。

12.1.2 知识点应用分析

本案例涉及的知识点如下。

（1）设置填充效果。针对不同单元格区域设置填充效果，以突出显示其中的内容，在本案例中突出显示项目执行的状态。

（2）设置数据类型。在本案例中会用到"货币"格式，用来记录货币相关的数据。

（3）套用单元格样式。使用 Excel 2021 自带的单元格样式来设置标题，可以使标题看起来更加醒目、美观。

（4）设置边框。添加边框可以使表格的整体效果更为规整。

12.1.3 案例实战

制作市场营销项目计划表的具体操作步骤如下。

1. 建立表格

第1步 启动 Excel 2021，新建一个空白工作簿，并命名为"市场营销项目计划表"，如下图所示。

· 222 ·

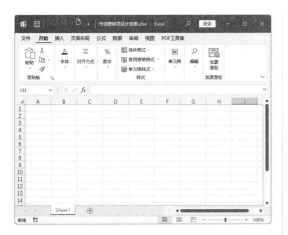

第2步 选中单元格 A1，输入"市场营销项目计划表"，按【Enter】键完成输入，按照相同的方法在单元格区域 A2:J2 中输入表头内容，如下图所示。

第3步 根据营销计划在表格中输入具体内容（也可以直接复制"素材\ch12\市场营销项目计划表数据.xlsx"工作簿中的数据），如下图所示

2. 设置单元格格式

第1步 分别选中单元格区域 A1:J1、A2:A3、B2:B3、C2:C3、D2:D3、E2:F2、G2:H2 和 I2:J2，单击【开始】选项卡【对齐方式】组中的【合并后居中】按钮，将选中的单元格区域合并成一个单元格，如右上图所示。

第2步 选中单元格区域 A2:J3，在【字体】组中设置字体为宋体，字号为 12，并根据情况调整行高和列宽，使单元格中的字体能够完整地显示出来，如下图所示。

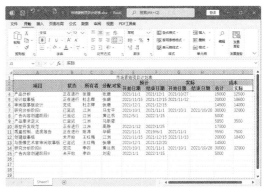

第3步 选中单元格区域 I4:J15，单击【开始】选项卡【数字】组中的【数字格式】下拉按钮，在弹出的下拉菜单中选择【货币】选项，即可将选中的数据设置为货币格式，如下图所示。

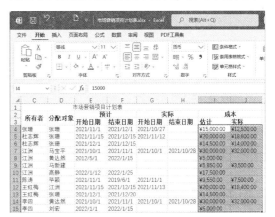

第4步 选中单元格 A1，单击【开始】选项卡【样式】组中的【单元格样式】下拉按钮，在弹出的下拉菜单中选择【标题】区域的【标题 1】选项，如下图所示。

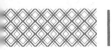

第5步 即可应用选择的标题格式，如下图所示。

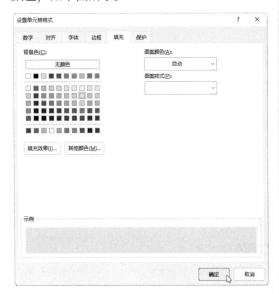

3. 设置填充效果

第1步 选中单元格区域 A4:J4，按【Ctrl+1】组合键打开【设置单元格格式】对话框，选择【填充】选项卡，在【背景色】区域选择一种填充颜色，如下图所示。

第2步 单击【确定】按钮，即可为选中的单元格区域设置填充效果，如右上图所示。

第3步 根据"状态"的分类，为同一类状态的单元格区域设置相同的填充效果，调整各行的行高，如下图所示。

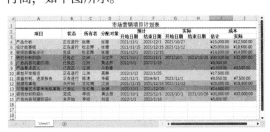

第4步 选中单元格区域 A4:J15，打开【设置单元格格式】对话框，选择【边框】选项卡，然后选择【外边框】线条样式，并选择线条颜色，单击【边框】区域内的⊞按钮和⊞按钮，如下图所示。

第5步 选择【内部】线条样式，设置线条颜色为白色，并单击【预置】区域的【内部】按钮，然后单击【确定】按钮，如下图所示。

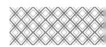

第 6 步 返回工作表中查看设置后的效果，并调整所有数据区域的对齐方式，对行高和列宽进行微调。至此，就完成了市场营销项目计划表的制作，效果如下图所示。

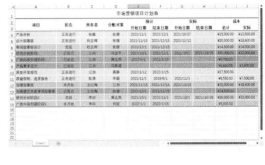

12.2 产品销售分析与预测表

在对产品的销售数据进行分析时，可以使用图表来直观地展示产品销售状况，还可以添加趋势线来预测下个周期的销售情况，从而更加方便地分析数据。

12.2.1 设计思路

制作产品销售分析与预测表时可以按以下思路进行。
（1）创建空白工作簿，并对工作簿进行保存命名。
（2）创建销售图表。
（3）设置图表格式。
（4）添加趋势线预测下个月的销售情况。
（5）使用函数预测销售量。

12.2.2 知识点应用分析

在本案例中主要运用了以下知识点。
（1）插入图表。对于数据分析来说，图表是最直观的，且易发现数据变化的趋势，是市场营销类表格中最常用的功能。
（2）美化图表。创建图表后，还可以对图表进行美化，使其看起来更加美观。
（3）添加趋势线。添加趋势线可以清楚地显示出当前销售的趋势和走向，有助于进行数据分析。

（4）使用 FORECAST 函数可以根据一条线性回归拟合线返回一个预测值，可以对未来销售额、库存需求或消费趋势进行预测。

12.2.3 案例实战

制作产品销售分析与预测表的具体操作步骤如下。

1. 创建销售图表

第1步 打开"素材\ch12\产品销售统计表"文件，如下图所示。

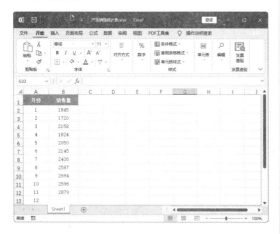

第2步 选中单元格区域 B1:B13，单击【插入】选项卡【图表】组中的【插入折线图或面积图】下拉按钮，在弹出的下拉列表中选择【带数据标记的折线图】选项，如下图所示。

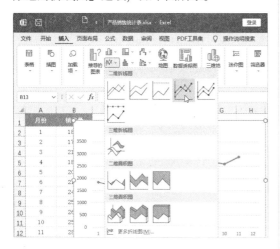

第3步 即可在当前工作表中插入折线图图表，如右上图所示。

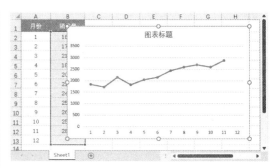

第4步 重命名图表标题，如下图所示。

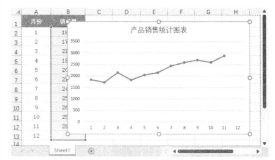

2. 设置图表格式

第1步 选中创建的图表，单击【图表设计】选项卡【图表样式】组中的【其他】按钮，在弹出的下拉列表中选择一种图表样式，如下图所示。

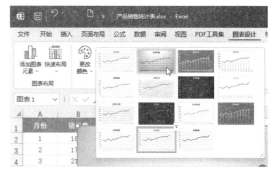

第2步 即可更改图表的样式，如下图所示。

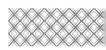

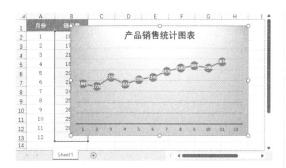

第3步 选中图表，单击【格式】选项卡【形状样式】组中的【其他】按钮，在弹出的下拉列表中选择一种形状样式，如下图所示。

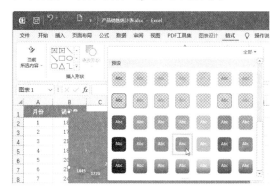

第4步 即可完成图表的美化，如下图所示。

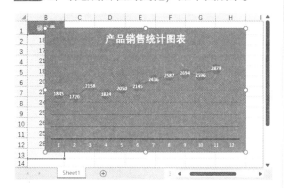

第5步 选中标题文本框，单击【格式】选项卡【艺术字样式】组中的【其他】按钮，在弹出的下拉列表中选择一种艺术字样式，如下图所示。

第6步 即可为图表标题添加艺术字效果，如下图所示。

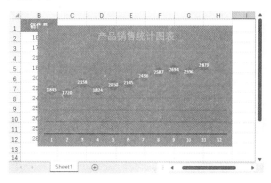

3. **添加趋势线**

第1步 选中图表，然后单击【图表设计】选项卡【图表布局】组中的【添加图表元素】按钮，在弹出的下拉菜单中依次选择【趋势线】→【线性】选项，如下图所示。

第2步 即可为图表添加线性趋势线，如下图所示。

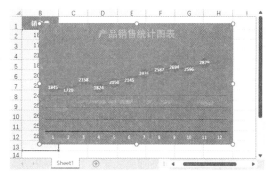

第3步 选中添加的趋势线并右击，在弹出的快捷菜单中选择【设置趋势线格式】选项，即可

打开【设置趋势线格式】任务窗格，在此窗格中设置趋势线的线条、颜色、透明度、宽度等，如下图所示。

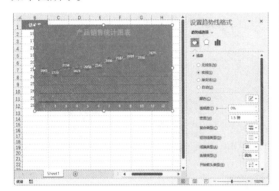

第4步 调整图表大小及位置，效果如下图所示。

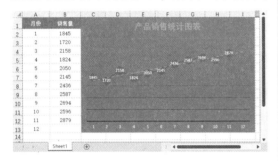

4. 预测销售量

第1步 选中单元格 B13，然后输入公式 "=FORE

CAST (A13, B2:B12,A2:A12)"，如下图所示。

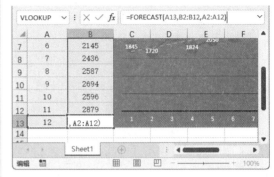

第2步 按【Enter】键确认输入，即可计算出 12 月销售量的预测结果，并设置数值为整数。至此，就完成了产品销售分析与预测表的制作，效果如下图所示。

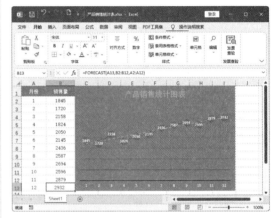

12.3 进销存管理表

为了更直观地了解企业进销存信息，制作进销存管理表成为企业管理中必不可少的工作。对于小型企业来说，可以使用 Excel 2021 代替专业的进销存软件来制作进销存管理表，从而节约成本。进销存管理表一般包括上月结存、本月入库、本月出库及本月结存等内容。

12.3.1 设计思路

在制作进销存管理表时可以按以下思路进行。
（1）创建空白工作簿并对工作簿进行保存命名。
（2）输入表格的基本信息。

（3）定义名称，简化进销存管理表的输入工作。

（4）使用相关公式计算表中的数量、单价和金额等。

（5）美化进销存管理表。

12.3.2　知识点应用分析

在制作进销存管理表时主要使用以下知识点。

（1）使用公式。使用公式可以快速计算出结果，本案例主要使用的是求和与除法公式，以算出本月结存的物料数量及单价。

（2）定义名称。本案例中主要对物料编号和物料名称进行自定义，从而简化输入工作，提高工作效率。

（3）套用表格样式。使用 Excel 自带的表格样式，可以快速对表格进行美化。

（4）表格格式设置。通过表格格式设置，可以对表中文字的字体、字号及字体颜色等进行美化，也可以对单元格和段落格式进行设置，如合并单元格、调整行高和列宽、设置对齐方式等。

12.3.3　案例实战

制作进销存管理表的具体操作步骤如下。

1.　建立表格

第1步 启动 Excel 2021，新建一个空白工作簿，并命名为"进销存管理表"，如下图所示。

第2步 选中单元格 A1，并输入"1 月份进销存管理表"，按【Enter】键完成输入，然后按照相同的方法分别在其他单元格中输入表头内容，如下图所示。

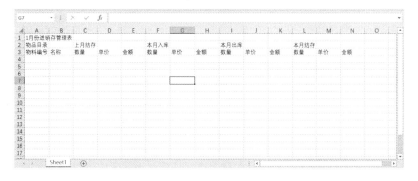

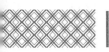
第3步 单击工作表"Sheet1"右侧的【新工作表】按钮,新建一个空白工作表,并将其重命名为"数据源",在该表中输入如下图所示的内容。

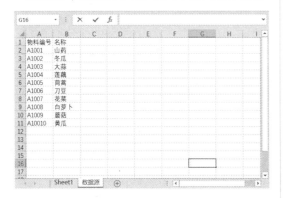

第4步 在"数据源"工作表中,选中单元格区域 A1:A11,然后依次单击【公式】选项卡【定义的名称】→【根据所选内容创建】选项,即可打开【根据所选内容创建名称】对话框,在该对话框中选中【首行】复选框,如下图所示。

第5步 单击【确定】按钮,即可创建一个"物料编号"的名称。按照相同的方法将单元格区域 B1:B11 进行自定义名称,可单击【定义的名称】组中的【名称管理器】按钮,在打开的【名称管理器】对话框中查看自定义的名称,如下图所示。

第6步 打开"Sheet1"工作表,并选中单元格区域 A4:A13,依次单击【数据】→【数据工具】→【数据验证】按钮,即可打开【数据验证】对话框,选择【设置】选项卡,在【允许】下拉菜单中选择【序列】选项,在【来源】文本框中输入"=物料编号",如下图所示。

第7步 单击【确定】按钮,即可为选中的单元格区域设置下拉菜单,如下图所示。

第8步 选中单元格 B4,输入公式"=IF(A4="","",VLOOKUP(A4,数据源!$A$1:$B$11,2,))",按【Enter】键确认输入,即可填充与 A4 单元格对应的名称,如下图所示。

2. 使用公式

第1步 利用自动填充功能，在单元格区域 A5:B13 中填充物料编号和名称，如下图所示。

第2步 分别输入上月结存、本月入库、本月出库及本月结存中的数量、单价等数据，如下图所示。

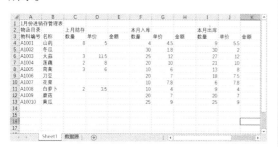

第3步 选中单元格 E4，并输入公式 "=C4*D4"，按【Enter】键完成输入，即可计算出上月结存的金额，如下图所示。

第4步 利用自动填充功能，完成其他单元格的计算，如右上图所示。

第5步 按照相同的方法计算本月入库和本月出库的金额，如下图所示。

第6步 选中单元格 L4，并输入公式 "=C4+F4-I4"，按【Enter】键确认输入，即可计算出本月结存的数量，然后利用自动填充功能，计算出其他单元格的数量，如下图所示。

第7步 选中单元格 N4，并输入公式 "=E4+H4-K4"，按【Enter】键确认输入，即可计算出本月结存的金额，然后利用自动填充功能，计算出其他单元格的金额，如下图所示。

第8步 选中单元格M4，并输入公式"=IFERROR(N4/L4,"")"，按【Enter】键确认输入，即可计算出本月结存中的单价，然后利用自动填充功能，计算出其他单元格的单价，如下图所示。

3. 设置单元格格式

第1步 选中单元格A1，在【字体】组中设置字体为华文中宋，字号为20，在【字体颜色】下拉列表中选择一种字体颜色，单击【加粗】按钮，如下图所示。

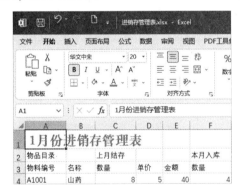

第2步 选中单元格区域A2:N2，在【字体】组中将字号设置为"12"，单击【加粗】按钮，如下图所示。

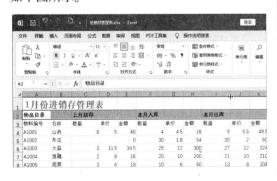

第3步 选中单元格区域A1:N13，单击【对齐方式】组中的【合并后居中】按钮，即可将选中的内容设置为居中显示，如下图所示。

第4步 根据表格数据情况调整行高和列宽，设置数据内容居中对齐，设置包含"单价"和"金额"的列的格式为"货币"，"小数位数"为"2"，效果如下图所示。

4. 套用表格格式

第1步 选中单元格区域A2:N13，依次单击【开始】选项卡【样式】组中的【套用表格式】按钮，在弹出的下拉列表中选择一种表格格式，如下图所示。

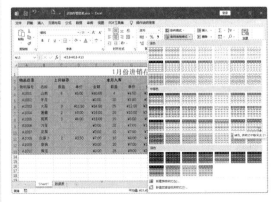

第2步 打开【套用表格式】对话框，单击【确定】按钮，如下图所示。

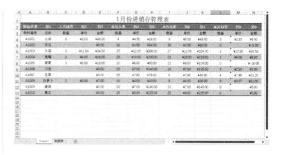

第3步 即可套用选择的表格格式，如下图所示。

第4步 选中单元格区域 A2:N2，单击【表设计】选项卡【工具】组中的【转换为区域】按钮，将所选区域转换为普通区域，效果如右上图所示。

第5步 分别将单元格区域 A1: N1、A2:B2、C2:E2、F2:H2、I2:K2 和 L2:N2 设置为【合并后居中】。至此，"进销存管理表"制作完毕，如下图所示。按【Ctrl+S】组合键保存即可。

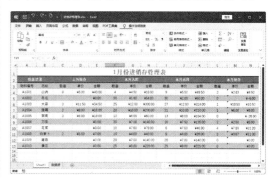

第13章
Excel 在财务管理中的高效应用

本章导读

通过分析公司财务报表，能对公司财务状况及经营状况有一个基本的了解。本章主要介绍如何制作员工实发工资表、现金流量表和分析资产负债表等操作，让读者对 Excel 在财务管理中的高级应用技能有更加深刻的理解。

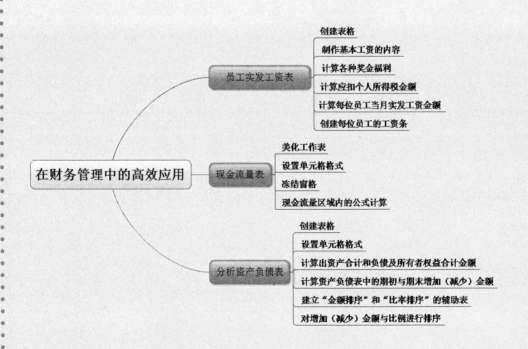

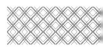

13.1 员工实发工资表

本节主要介绍员工实发工资表的制作过程。

13.1.1 设计思路

员工的实发工资就是实际发到员工手中的工资。通常情况下，实发工资是应发工资减去应扣款后的金额。应发工资主要包括基本工资、加班费、全勤奖、技术津贴、行政奖励、职务津贴、工龄奖金、绩效奖、其他补助等，应扣款主要包括社会保险、考勤扣款、行政处罚、代缴税款等。

因此，若要计算实发工资，需要先创建员工工资表，该表应包含基本工资、职位津贴与业绩奖金、福利、考勤等基础数据，通过这些基础数据，才能统计出实发工资，如右图所示。

13.1.2 知识点应用分析

在制作公司员工实发工资表前，先对需要用到的知识点进行分析。

1. 函数的应用

使用 VLOOKUP 函数计算员工的应发工资，有关 VLOOKUP 函数的介绍如下。

格式：VLOOKUP(lookup_value,table_array,col_index_num,[range_lookup])。

功能介绍：按行查找，返回表格中指定列所在行的值。

参数含义：lookup_value 是必选参数，表示要在表格的第一列中查找的数值，可以是数值、引用或文本字符串；table_array 是必选参数，表示需要在其中查找数据的数据表；col_index_num 是必选参数，表示 table_array 中待返回的匹配值的列号；range_lookup 是可选参数，为一个逻辑值，指定 VLOOKUP 函数查找精确匹配值还是近似匹配值，若省略，则返回近似匹配值。

2. 数据的填充

需要套用同一公式时，可以通过数据填充将公式应用到其他单元格，从而大大提高办公效率。

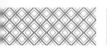

13.1.3 案例实战

制作员工实发工资表时，应首先计算员工应发工资，其次计算应扣个人所得税金额，最后计算每位员工当月实发工资金额。为了方便领取工资，还可以创建每位员工的工资条。

1. 计算员工应发工资

计算员工应发工资的具体操作方法如下。

第1步 打开"素材\ch13\员工工资表"工作簿，在"实发工资"工作表中选中单元格E3，在其中输入公式"=VLOOKUP(A3,基本工资!$A$3:$E$15,5)"，按【Enter】键确认输入，即可从"基本工资"工作表中查找并获取员工"薛仁贵"的基本工资金额。

第2步 利用快速填充功能，将E3单元格中的公式应用到其他单元格中，获取其他员工的基本工资金额，如下图所示。

第3步 在"实发工资"工作表中选中单元格F3，在其中输入公式"=VLOOKUP(A3,职位津贴与业绩奖金!$A$3:$G$15,5)"，按【Enter】键确认输入，即可从"职位津贴与业绩奖金"工作表中查找并获取员工"薛仁贵"的职位津贴金额，如右上图所示。

第4步 利用快速填充功能，将F3单元格中的公式应用到其他单元格中，获取其他员工的职位津贴金额，如下图所示。

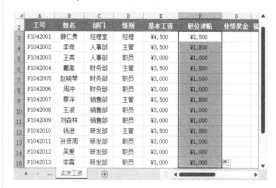

第5步 在"实发工资"工作表中选中单元格G3，在其中输入公式"=VLOOKUP(A3,职位津贴与业绩奖金!$A$3:$G$15,6)"，按【Enter】键确认输入，即可从"职位津贴与业绩奖金"工作表中查找并获取员工"薛仁贵"的业绩奖金金额，如下图所示。

第6步 利用快速填充功能，将 G3 单元格中的公式应用到其他单元格中，获取其他员工的业绩奖金金额，如下图所示。

	B	C	D	E	F	G
1						2月份员工
2	姓名	部门	级别	基本工资	职位津贴	业绩奖金
3	薛仁贵	经理室	经理	¥4,500	¥2,500	¥2,000
4	李奇	人事部	主管	¥3,500	¥1,800	¥1,500
5	王英	人事部	职员	¥3,000	¥1,000	¥1,000
6	戴高	财务部	主管	¥3,500	¥1,800	¥1,500
7	赵晓琴	财务部	职员	¥3,000	¥1,000	¥1,000
8	周冲	财务部	职员	¥3,000	¥1,000	¥1,000
9	蔡洋	销售部	主管	¥3,500	¥1,800	¥1,500
10	王波	销售部	职员	¥3,000	¥1,000	¥1,000
11	刘森林	销售部	职员	¥3,000	¥1,000	¥1,000
12	钱进	研发部	主管	¥3,500	¥1,800	¥1,500
13	孙贤周	研发部	职员	¥3,000	¥1,000	¥1,000
14	吴爱	研发部	职员	¥3,000	¥1,000	¥1,000
15	李霄	研发部	职员	¥3,000	¥1,000	¥1,000

实发工资

第7步 在"实发工资"工作表中选中单元格 H3，在其中输入公式"=VLOOKUP(A3, 福利 !$A$3:$I$15,9)"，按【Enter】键确认输入，即可从"福利"工作表中查找并获取员工"薛仁贵"的福利待遇金额，如下图所示。

H3 =VLOOKUP(A3,福利!$A$3:$I$15,9)

	C	D	E	F	G	H
2	部门	级别	基本工资	职位津贴	业绩奖金	福利待遇
3	经理室	经理	¥4,500	¥2,500	¥2,000	¥2,100
4	人事部	主管	¥3,500	¥1,800	¥1,500	
5	人事部	职员	¥3,000	¥1,000	¥1,000	
6	财务部	主管	¥3,500	¥1,800	¥1,500	
7	财务部	职员	¥3,000	¥1,000	¥1,000	
8	财务部	职员	¥3,000	¥1,000	¥1,000	
9	销售部	主管	¥3,500	¥1,800	¥1,500	
10	销售部	职员	¥3,000	¥1,000	¥1,000	
11	销售部	职员	¥3,000	¥1,000	¥1,000	
12	研发部	主管	¥3,500	¥1,800	¥1,500	
13	研发部	职员	¥3,000	¥1,000	¥1,000	
14	研发部	职员	¥3,000	¥1,000	¥1,000	
15	研发部	职员	¥3,000	¥1,000	¥1,000	

实发工资

第8步 利用快速填充功能，将 H3 单元格中的公式应用到其他单元格中，获取其他员工的福利待遇金额，如右上图所示。

	C	D	E	F	G	H
2	部门	级别	基本工资	职位津贴	业绩奖金	福利待遇
3	经理室	经理	¥4,500	¥2,500	¥2,000	¥2,100
4	人事部	主管	¥3,500	¥1,800	¥1,500	¥1,700
5	人事部	职员	¥3,000	¥1,000	¥1,000	¥1,300
6	财务部	主管	¥3,500	¥1,800	¥1,500	¥1,700
7	财务部	职员	¥3,000	¥1,000	¥1,000	¥1,300
8	财务部	职员	¥3,000	¥1,000	¥1,000	¥1,300
9	销售部	主管	¥3,500	¥1,800	¥1,500	¥1,700
10	销售部	职员	¥3,000	¥1,000	¥1,000	¥1,300
11	销售部	职员	¥3,000	¥1,000	¥1,000	¥1,300
12	研发部	主管	¥3,500	¥1,800	¥1,500	¥1,700
13	研发部	职员	¥3,000	¥1,000	¥1,000	¥1,300
14	研发部	职员	¥3,000	¥1,000	¥1,000	¥1,300
15	研发部	职员	¥3,000	¥1,000	¥1,0	¥1,300

实发工资

第9步 在"实发工资"工作表中选中单元格 I3，在其中输入公式"=VLOOKUP(B3,考勤 !A$3:F$15,6,FALSE)"，按【Enter】键确认输入，即可从"考勤"工作表中查找并获取员工"薛仁贵"的全勤奖金额，如下图所示。

I3 =VLOOKUP(B3,考勤!A$3:F$15,6,FALSE)

	D	E	F	G	H	I
2	级别	基本工资	职位津贴	业绩奖金	福利待遇	全勤奖
3	经理	¥4,500	¥2,500	¥2,000	¥2,100	¥100
4	主管	¥3,500	¥1,800	¥1,500	¥1,700	
5	职员	¥3,000	¥1,000	¥1,000	¥1,300	
6	主管	¥3,500	¥1,800	¥1,500	¥1,700	
7	职员	¥3,000	¥1,000	¥1,000	¥1,300	
8	职员	¥3,000	¥1,000	¥1,000	¥1,300	
9	主管	¥3,500	¥1,800	¥1,500	¥1,700	
10	职员	¥3,000	¥1,000	¥1,000	¥1,300	
11	职员	¥3,000	¥1,000	¥1,000	¥1,300	
12	主管	¥3,500	¥1,800	¥1,500	¥1,700	
13	职员	¥3,000	¥1,000	¥1,000	¥1,300	
14	职员	¥3,000	¥1,000	¥1,000	¥1,300	
15	职员	¥3,000	¥1,000	¥1,000	¥1,300	

第10步 利用快速填充功能，将 I3 单元格中的公式应用到其他单元格中，获取其他员工的全勤奖金额，如下图所示。

	D	E	F	G	H	I
2	级别	基本工资	职位津贴	业绩奖金	福利待遇	全勤奖
3	经理	¥4,500	¥2,500	¥2,000	¥2,100	¥100
4	主管	¥3,500	¥1,800	¥1,500	¥1,700	¥0
5	职员	¥3,000	¥1,000	¥1,000	¥1,300	¥100
6	主管	¥3,500	¥1,800	¥1,500	¥1,700	¥0
7	职员	¥3,000	¥1,000	¥1,000	¥1,300	¥0
8	职员	¥3,000	¥1,000	¥1,000	¥1,300	¥0
9	主管	¥3,500	¥1,800	¥1,500	¥1,700	¥100
10	职员	¥3,000	¥1,000	¥1,000	¥1,300	¥100
11	职员	¥3,000	¥1,000	¥1,000	¥1,300	¥100
12	主管	¥3,500	¥1,800	¥1,500	¥1,700	¥0
13	职员	¥3,000	¥1,000	¥1,000	¥1,300	¥100
14	职员	¥3,000	¥1,000	¥1,000	¥1,300	¥0
15	职员	¥3,000	¥1,000	¥1,000	¥1,3	¥100

实发工资

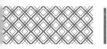

第 11 步 在"实发工资"工作表中选中单元格 J3，在其中输入公式"=SUM(E3:I3)"，按【Enter】键确认输入，即可计算出员工"薛仁贵"的应发工资金额，如下图所示。

第 12 步 利用快速填充功能，将 J3 单元格中的公式应用到其他单元格中，计算其他员工的应发工资金额，如下图所示。

2. 计算每位员工当月实发工资金额

统计出员工当月需要扣除的金额后，可以很容易地统计出员工当月实发工资，具体操作步骤如下。

第 1 步 在"实发工资"工作表中选中单元格 K3，在其中输入公式"=VLOOKUP(B3,考勤!A$3:F$15,5,FALSE)"，按【Enter】键确认输入，即可从"考勤"工作表中查找并获取员工"薛仁贵"的考勤扣款金额，如右上图所示。

第 2 步 利用快速填充功能，将 K3 单元格中的公式应用到其他单元格中，获取其他员工的考勤扣款金额，如下图所示。

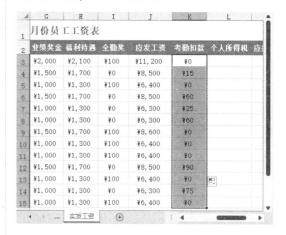

第 3 步 在"实发工资"工作表中选中单元格 L3，在其中输入公式"=VLOOKUP(A3,个人所得税表!$A$3:$C$15,3,0)"，按【Enter】键确认输入，即可计算出员工"薛仁贵"应缴的个人所得税，如下图所示。

第4步 利用快速填充功能，将 L3 单元格中的公式应用到其他单元格中，计算其他员工应缴的个人所得税，如下图所示。

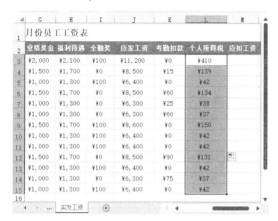

第5步 在"实发工资"工作表中选中单元格 M3，在其中输入公式"=SUM(K3:L3)"，按【Enter】键确认输入，即可计算出员工"薛仁贵"当月的应扣工资，如下图所示。

第6步 利用快速填充功能，将 M3 单元格中的公式应用到其他单元格中，计算出其他员工当月的应扣工资，如下图所示。

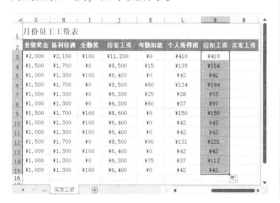

第7步 在"实发工资"工作表中选中单元格 N3，在其中输入公式"=J3-M3"，按【Enter】键确认输入，即可计算出员工"薛仁贵"当月的实发工资，如下图所示。

第8步 利用快速填充功能，将 N3 单元格中的公式应用到其他单元格中，计算其他员工当月的实发工资，如下图所示。

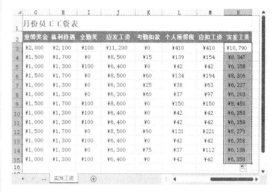

3. 创建每位员工的工资条

大多数公司在发工资时，会发给员工工资条，这样员工对自己当月的工资明细一目了然。在创建工资条前，请先在员工工资表中创建"工资条"工作表，如下图所示。注意，在创建该工作表后，将单元格区域 E3:N3 的格式设置为货币格式。

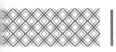
下面使用 VLOOKUP 函数获取每位员工相应的工资信息。具体操作方法如下。

(1) 获取员工的基本信息、工资和奖金福利。

第1步 获取工号为"F1042001"的员工工资条信息。在"工资条"工作表的 A3 单元格中输入工号"F1042001"，如下图所示。

第2步 选中单元格 B3，在其中输入公式"=VLOOKUP(A3,实发工资!$A$3:$N$15,2)"，按【Enter】键确认输入，即可获取工号为"F1042001"的员工的姓名，如下图所示。

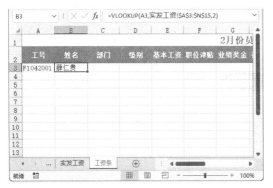

第3步 选中单元格 C3，在其中输入公式"=VLOOKUP(A3,实发工资!$A$3:$N$15,3)"，按【Enter】键确认输入，即可获取工号为"F1042001"的员工的部门，如下图所示。

第4步 选中单元格 D3，在其中输入公式"=VLOOKUP(A3,实发工资!$A$3:$N$15,4)"，按【Enter】键确认输入，即可获取工号为"F1042001"的员工的级别，如下图所示。

第5步 选中单元格 E3，在其中输入公式"=VLOOKUP(A3,实发工资!$A$3:$N$15,5)"，按【Enter】键确认输入，即可获取工号为"F1042001"的员工的基本工资，如下图所示。

第6步 选中单元格 F3，在其中输入公式"=VLOOKUP(A3,实发工资!$A$3:$N$15,6)"，按【Enter】键确认输入，即可获取工号为"F1042001"的员工的职位津贴，如下图所示。

第7步 选中单元格 G3，在其中输入公式"=VLOOKUP(A3,实发工资!$A$3:$N$15,7)"，按【Enter】键确认输入，即可获取工号为"F1042001"的员工的业绩奖金，如下图所示。

第8步 选中单元格 H3，在其中输入公式"=VLOOKUP(A3,实发工资!$A$3:$N$15,8)"，按【Enter】键确认输入，即可获取工号为

"F1042001"的员工的福利待遇,如下图所示。

第9步 选中单元格 I3, 在其中输入公式"=VLOOKUP(A3,实发工资! \$A\$3:\$N\$15,9)", 按【Enter】键确认输入, 即可获取工号为"F1042001"的员工的全勤奖, 如下图所示。

(2) 计算员工的实发工资并复制多个工资条。

第1步 选中单元格 J3, 在其中输入公式"=VLOOKUP(A3,实发工资!\$A\$3:\$N\$15,10)", 按【Enter】键确认输入, 即可获取工号为"F1042001"的员工的应发工资, 如下图所示。

第2步 选中单元格 K3,在其中输入"=VLOOKUP(A3,实发工资 !\$A\$3:\$N\$15,11)", 按【Enter】键确认输入, 即可获取工号为"F1042001"的员工的考勤扣款, 如下图所示。

第3步 选中单元格 L3, 在其中输入公式"=VLOOKUP(A3,实发工资 !\$A\$3:\$N\$15,12)", 按【Enter】键确认输入, 即可获取工号为"F1042001"的员工的个人所得税, 如右上图所示。

第4步 选中单元格 M3, 在其中输入公式"=VLOOKUP(A3,实发工资 !\$A\$3:\$N\$15,13)", 按【Enter】键确认输入, 即可获取工号为"F1042001"的员工的应扣工资, 如下图所示。

第5步 选中单元格 N3, 在其中输入公式"=VLOOKUP(A3,实发工资 !\$A\$3:\$N\$15,14)", 按【Enter】键确认输入, 即可获取工号为"F1042001"的员工的实发工资, 如下图所示。

第6步 快速创建其他员工的工资条。选中单元格区域 A2:N4, 设置居中对齐, 然后将鼠标指针移动到该区域右下角, 当鼠标指针变成 ✚ 形状时, 向下拖动鼠标, 即可得到其他员工的工资条, 如下图所示。

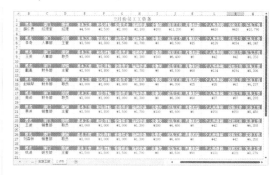

工资条创建完成后,需要对页边距、打印方向等进行设置,设置完成后,将工资条打印出来,并裁剪成一张张的小纸条,即完成了每个员工的工资条的制作。

13.2 现金流量表

企业的现金流量表可以反映企业现金流入和流出的原因，企业偿债能力和企业未来的获利能力，以及企业支付股息的能力。

13.2.1 设计思路

这里说的现金包括现金和现金等价物，其中现金是指库存现金和可以随意存取而不受任何限制的各种银行存款；现金等价物是指期限短、流动性强、容易变换成已知金额的现金且价值变动风险较小的短期有价证券等。

现金收入与支出可称为现金流入与现金流出，现金流入与现金流出的差额称为现金净流量。企业的现金收支可分为三大类，即经营活动产生的现金流量、投资活动产生的现金流量、筹备活动产生的现金流量。

要制作现金流量表，首先需要在工作表中根据需要输入各个项目的名称及 4 个季度对应的数据；其次为需要计算的区域添加底纹效果，并设置数据区域的单元格格式，如会计专用格式；最后使用公式计算现金流量，如现金净流量、现金及现金等价物增加净额等。

13.2.2 知识点应用分析

现金流量表的制作主要涉及以下知识点。

1. 美化工作表

Excel 2021 自带了许多样式，可以让用户快速应用，且能起到美化表格的作用。对于一些较为正式的表格，还可以增加边框，使内容显得更加整齐；同时使用冻结窗格的方法，还能便于数据的查看。

2. 使用 NOW() 函数

使用 NOW() 函数可以添加当前时间，从而实时记录工作表编辑者添加内容的时间。

3. 使用 SUM 函数

SUM 求和函数是最常用的函数，在本案例中，可以用于计算现金流的流入和流出合计金额。

13.2.3 案例实战

1. 创建现金流量表

具体操作步骤如下。

第1步 启动 Excel 2021，创建新的工作簿，双击"Sheet1"工作表标签，进入编辑状态，输入名称"现金流量表"，按【Enter】键确认输入，如下图所示。

第2步 切换到【文件】选项卡，选择左侧列表中的【另存为】选项，单击【浏览】按钮，即可弹出【另存为】对话框。选择文档保存的位置，在【文件名】文本框中输入"现金流量表"，单击【保存】按钮，即可保存整个工作簿，如下图所示。

第3步 在"现金流量表"工作表中输入各个项目。现金流量表是以一年中的 4 个季度的现金流量为分析对象，A 列为现金流量表的各个项目，B 列至 E 列为 4 个季度对应的数据（可以直接复制"素材 \ch13\ 现金流量表数据"中的内容），如右上图所示。

第4步 接下来为"现金流量表"工作表中相应的单元格设置背景颜色，再为整个工作表添加边框并设置底纹效果，可根据需要适当地调整列宽，设置数据的显示方式等，如下图所示。

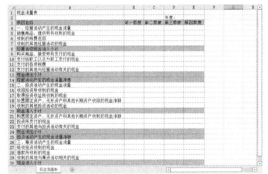

第5步 选中 B4:E30 单元格区域并右击，在弹出的快捷菜单中选择【设置单元格格式】选项，即可弹出【设置单元格格式】对话框，选择【数字】选项卡，在【分类】列表框中选择【会计专用】选项；在【小数位数】微调框中输入"2"；在【货币符号】下拉列表中选择【¥】，最后单击【确定】按钮，即可完成单元格的设置，如下图所示。

第6步 由于表格中的项目较多，需要滚动窗口查看或编辑表格内容时，标题行或列会被隐藏，这样非常不利于数据的查看，所以对于大型表格来说，可以通过冻结窗格来使标题行或列始终显示在屏幕上。这里只需要选中 B4 单元格，然后在【视图】选项卡【窗口】组中单击【冻结窗格】下拉按钮，在弹出的下拉菜单中选择【冻结窗格】选项，如下图所示。

第7步 冻结窗格后，无论是向右还是向下滚动窗口，被冻结的行或列始终显示在屏幕上，同时工作表中还将显示水平和垂直冻结线，如下图所示。

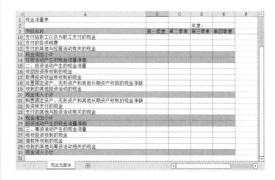

2. 使用函数添加日期

接下来介绍如何利用函数在报表中添加日期，其具体操作步骤如下。

第1步 选中 E2 单元格输入公式"=TEXT (NOW()，"e 年 ")"，如下图所示。

第2步 单击【Enter】键，E2 单元格中显示当前公式的运算结果为"2022 年"，如下图所示。

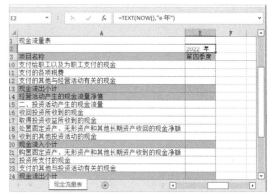

3. 现金流量区域内的公式计算

下面将介绍如何计算现金流量表中的相关项目，在进行具体操作之前，首先要了解现金流量表中的各项计算公式。

现金流入 - 现金流出 = 现金净流量

经营活动产生的现金流量净额 + 投资产生的现金流量净额 + 筹备活动产生的现金流量净额 = 现金及现金等价物增加净额

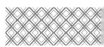

期末现金合计－期初现金合计＝现金净流量

在实际工作中，当设置好现金流量表的格式后，可以通过总账筛选或汇总相关数据来填制现金流量表，在 Excel 2021 中可以通过函数实现，具体操作步骤如下。

第1步 在"现金流量表"工作表中的 B5:E7、B9:E12、B16:E19、B21:E23、B27:E29、B31:E33 单元格区域分别输入表格内容，如下图所示。

第2步 单击 B8 单元格，按【Alt+=】组合键，对 B5:B7 单元格区域的数据求和，如下图所示。

第3步 再选中 B8 单元格，将鼠标指针移到单元格的右下角，当鼠标指针变为＋形状时，按住左键不放向右拖曳，到达 E8 单元格后释放鼠标，即可实现 C8:E8 单元格区域的公式输入，如下图所示。

第4步 同理，在 B13 单元格中计算出经营活动产生的现金流出小计。当然，直接选中该单元格，然后在公式编辑栏中输入公式"=SUM(B9:B12)"，按【Enter】键，也可成功计算出经营活动产生的现金流出小计，如下图所示。

第5步 再选中 B13 单元格，将鼠标指针移到单元格的右下角，当鼠标指针变为＋形状时，按住左键不放向右拖曳到 E13 单元格后释放鼠标，即可实现 C13:E13 单元格区域的公式输入，如下图所示。

第6步 根据"现金净流量＝现金流入－现金流出"的计算公式，可以在 B14 单元格中输入"=B8-B13"公式，按【Enter】键确认输入，即可计算出经营活动产生的现金流量净额，如下图所示。

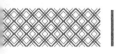

第7步 再选中 B14 单元格，将鼠标指针移到单元格的右下角，当鼠标指针变为 + 形状时，按住左键不放向右拖曳到 E14 单元格后释放鼠标，即可实现 C14:E14 单元格区域的公式输入，如下图所示。

B	C	D	E
		年度：	2022 年
第一季度	第二季度	第三季度	第四季度
¥ 560,000.00	¥ 450,000.00	¥ 630,000.00	¥ 810,000.00
¥ 2,500.00	¥ 3,200.00	¥ 4,200.00	¥ 5,200.00
¥ 6,800.00	¥ 7,500.00	¥ 8,600.00	¥ 9,700.00
¥ 569,300.00	¥ 460,700.00	¥ 642,800.00	¥ 824,900.00
¥ 122,000.00	¥ 144,000.00	¥ 166,000.00	¥ 188,000.00
¥ 35,000.00	¥ 38,000.00	¥ 41,000.00	¥ 44,000.00
¥ 42,600.00	¥ 560,250.00	¥ 1,077,900.00	¥ 1,595,550.00
¥ 3,500.00	¥ 2,800.00	¥ 2,100.00	¥ 1,400.00
¥ 203,100.00	¥ 745,050.00	¥ 1,287,000.00	¥ 1,828,950.00
¥ 366,200.00	¥ −284,350.00	¥ −644,200.00	¥ −1,004,050.00
¥ 260,000.00	¥ 289,000.00	¥ 318,000.00	¥ 347,000.00
¥ 26,000.00	¥ 18,000.00	¥ 10,000.00	¥ 2,000.00
¥ 4,200.00	¥ 3,600.00	¥ 3,000.00	¥ 2,400.00
¥ 2,500.00	¥ 2,300.00	¥ 2,100.00	¥ 1,900.00

第8步 采用同样的方法，分别输入公式计算投资与筹资活动产生的现金流入小计、现金流出小计和投资活动产生的现金流量净额，其计算结果如右图所示。

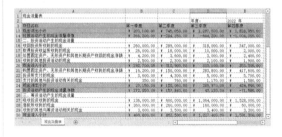

第9步 对筹备活动产生的现金流入小计进行计算，如下图所示。

第10步 合并单元格 A1:E1，并根据情况设置字体格式、对齐方式及行高，最终效果如下图所示。

13.3 资产负债表

资产负债表又称为财务状况表，是反映公司在某一特定日期（如月末、季末、年末）全部资产、负债和所有者权益情况的会计报表。通过分析公司的资产负债表，能够了解公司偿还短期债务的能力、公司经营稳健与否及公司经营风险的大小等。

13.3.1 设计思路

在分析资产负债表时，可以对资产负债表中的期末金额与期初金额进行比较，从而得出两个时期各个项目金额的增减情况。在分析之前，请先在"公司财务报表"工作簿中创建"比较资产负债表"工作表，并在表中输入基础数据信息，如各流动资产项目的期初数、期末数等，如右图所示。

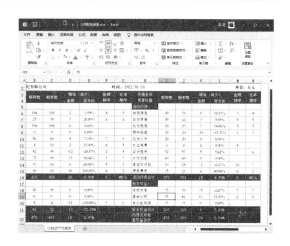

13.2.2 知识点应用分析

本节的资产负债表的制作和分析主要涉及以下知识点。

1. 设置百分比的格式

本案例中需要将金额变动设置为百分比的形式。

2. 使用公式

本案例需要输入公式，以计算"短期借款"的增加（减少）百分比。

3. 使用函数

本案例使用 ABS 函数计算相应项目增加（减少）金额的正数，便于进行金额排序。

4. 数据的填充

需要套用同一公式时，可以通过数据填充将公式应用到其他单元格，从而大大提高办公效率。

5. 在排序时使用函数

在排序的过程中使用 RANK 函数，其格式如下。

RANK(number,ref,[order])

功能：返回一个数字在数字列表中的排位，数字的排位是其相对于列表中其他值的大小。

参数：number 是必选参数，表示需要找到排位的数字；ref 是必选参数，表示数字列表数组或对数字列表的引用，该参数中的非数值型数据将被忽略；order 是可选参数，如果 order 为 0 或省略，Excel 将按照降序排列；如果 order 不为 0，Excel 将按照升序排列。

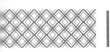

13.3.3 案例实战

下面开始统计资产合计和负债及所有者权益合计，并对期初资产负债表与期末资产负债表中各个项目的金额进行比较分析。

（1）计算资产合计与负债及所有者权益合计金额。

资产合计包括流动资产和固定资产合计，负债及所有者权益合计包括流动负债和股东权益合计，使用 SUM 函数可以分别计算出它们在期初和期末的合计金额，具体操作步骤如下。

第1步 打开"素材\ch13\公司财务报表"文件，在"比较资产负债表"工作表中选中单元格 B16，在其中输入公式"=SUM(B6:B15)"，按【Enter】键确认输入，即可计算出期初的流动资产合计金额，如下图所示。

第2步 选中单元格 B16，按【Ctrl+C】组合键，然后分别选中单元格 C16、I16 和 J16，按【Ctrl+V】组合键，将公式粘贴到这些单元格中，即可计算出期末的流动资产合计金额，以及期初期末的流动负债合计金额，如下图所示。

第3步 选中单元格 B21，在其中输入公式"=SUM(B18:B20)"，按【Enter】键确认输入，即可计算出期初的固定资产合计金额，如右上图所示。

第4步 选中单元格 B21，按【Ctrl+C】组合键，然后分别选中单元格 C21、I21 和 J21，按【Ctrl+V】组合键，将公式粘贴到这些单元格中，即可计算出期末的固定资产合计金额，以及期初期末的股东权益合计金额，如下图所示。

第5步 选中单元格 B22，在其中输入公式"=B16+B21"，按【Enter】键确认输入，即可计算出期初的资产合计金额，如下图所示。

第6步 选中单元格 B22，按【Ctrl+C】组合键，然后分别选中单元格 C22、I22 和 J22，按【Ctrl+V】组合键，将公式粘贴到这些单元格中，即可计算出期末的资产合计金额，以及期初期末的负债及所有者权益合计金额，如下图所示。

（2）计算资产负债表中的期初与期末增加（减少）金额。

首先计算流动资产和固定资产的期初和期末金额变化；其次计算流动负债和股东权益的期初和期末金额变化。

具体操作步骤如下。

第1步 计算资产的增加（减少）金额，计算公式为增加（减少）金额 = 期末数 − 期初数。选中单元格 D6，并在其中输入公式"=C6-B6"，按【Enter】键确认输入，即可计算出"货币资金"的增加（减少）金额，如下图所示。

第2步 利用快速填充功能，将单元格 D6 中的公式应用到其他单元格中，即可计算出所有项目期初与期末的增加（减少）金额，如下图所示。

第3步 计算资产的增加（减少）百分比，其计算公式为增加（减少）百分比 = 增加（减少）金额 / 期初数。选中单元格 E6，在其中输入公式"=IF(B6=0,0,D6/B6)"，按【Enter】键确认输入，即可计算出"货币资金"的增加（减少）百分比，如下图所示。

第4步 利用快速填充功能，将单元格 E6 中的公式应用到其他单元格中，即可计算出资产中所有项目期初与期末的增加（减少）百分比，如下图所示。

第5步 将以小数形式显示的百分比数值转换为百分比数据类型。选中单元格区域 E6:E22 并右击，在弹出的快捷菜单中选择【设置单元格格式】选项，打开【设置单元格格式】对话框，选择【分类】列表框中的【百分比】选项，在右侧设置小数位数为"2"，单击【确定】按钮，如下图所示。

所有者权益中所有项目期初与期末的增加（减少）金额，如下图所示。

第6步 此时单元格区域 E6:E22 的数值以百分比的形式显示出来，并保留了 2 位小数，如下图所示。

第9步 计算负债及所有者权益的增加（减少）百分比，其计算公式为增加（减少）百分比＝增加（减少）金额／期初数。选中单元格 L6，在其中输入公式"=IF(I6=0,0,K6/I6)"，按【Enter】键确认输入，即可计算出"短期借款"的增加（减少）百分比，如下图所示。

第7步 计算负债及所有者权益的增加（减少）金额，其计算公式为增加（减少）金额＝期末数－期初数。选中单元格 K6，在其中输入公式"=J6-I6"，按【Enter】键确认输入，即可计算出"短期借款"的增加（减少）金额，如下图所示。

第10步 利用快速填充功能，将单元格 L6 中的公式应用到其他单元格中，即可计算出负债及所有者权益中所有项目期初与期末的增加（减少）百分比，设置数值以百分比的形式显示出来，如下图所示。

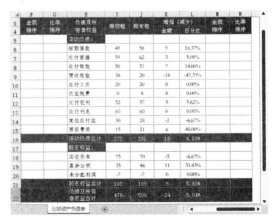

第8步 利用快速填充功能，将单元格 K6 中的公式应用到其他单元格中，即可计算出负债及

（3）建立"金额排序"和"比率排序"的辅助表。

由于对"增加（减少）金额"进行排序时，一些显示合计值的单元格不能参与排序运算，只有去除这些显示合计值的单元格，才能正确显示每个项目的顺序。因此，在计算资产负债表的金额排序和比率排序之前，需要先建立一个用于辅助排序的表格。具体的操作步骤是，先制作资产类数据清单，再制作负债类数据清单。

第1步 根据已知资产负债表的相关数据信息，在单元格区域P3:U17中输入相应的数据信息，并设置单元格的格式，效果如下图所示。

第2步 选中单元格 Q5，在其中输入公式"=ABS(D6)"，按【Enter】键，即可计算出"货币资金"的增加（减少）金额，如下图所示。

提示

使用 ABS 函数计算出相应项目增加（减少）金额的正数，方便进行金额排序。

第3步 利用快速填充功能，将单元格 Q5 中的公式向下填充到单元格 Q14，即可计算出流动资产中各项目的增加（减少）金额，如下图所示。

第4步 选中单元格Q15，输入公式"=ABS(D18)"，按【Enter】键，即可计算出"固定资产净值"的增加（减少）金额，如下图所示。

提示

由于这里所提取的数值信息在资产负债表中的存放顺序不是依次排列的，因此，必须逐个获取，而不能使用 Excel 的自动复制公式功能快速获取。

第5步 利用快速填充功能，将单元格中的公式向下填充到单元格 Q17，即可计算出固定资产中各项目的增加（减少）金额，如下图所示。

第6步 选中单元格区域 Q5:Q17，将鼠标指针移动到单元格右下角，向右拖动鼠标，将区域中的公式向右填充到单元格区域 R5:R17，即可计算出资产中各项目的增加（减少）百分比，如下图所示。

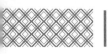

P		Q	R	S	T	U
5	货币资金	2	0.0188679	短期借款		
6	应收票据	5	0.2	应付票据		
7	应收账款	0	0	应付账款		
8	应收利息	0	0	预收账款		
9	应收股利	4	0.0714286	应付工资		
10	其他应收款	2	0.25	应交税费		
11	预付账款	12	0.2857143	应付股利		
12	存货	13	0.1805556	应付利息		
13	待摊费用	6	0.6	其他应付款		
14	其他流动资产	10	1	预提费用		
15	固定资产净值	0	0	实收资本		
16	固定资产清理	0	0	盈余公积		
17	待处理财产损益	11	2.2	未分配利润		

比较资产负债表

第7步 设置单元格区域 R5:R17 的数值以百分比的形式显示出来，并保留 2 位小数，如下图所示。

P		Q	R	S	T	U
4	项目	金额	百分比	项目	金额	百分比
5	货币资金	2	1.89%	短期借款		
6	应收票据	5	20.00%	应付票据		
7	应收账款	0	0.00%	应付账款		
8	应收股利	0	0.00%	预收账款		
9	应收股利	4	7.14%	应付工资		
10	其他应收款	2	25.00%	应交税费		
11	预付账款	12	28.57%	应付股利		
12	存货	13	18.06%	应付利息		
13	待摊费用	6	60.00%	其他应付款		
14	其他流动资产	10	100.00%	预提费用		
15	固定资产净值	0	0.00%	实收资本		
16	固定资产清理	0	0.00%	盈余公积		
17	待处理财产损益	11	220.00%	未分配利润		

比较资产负债表

第8步 选中单元格 T5，在其中输入公式"=ABS(K6)"，按【Enter】键，即可计算出"短期借款"的增加（减少）金额，如下图所示。

T5　=ABS(K6)

	Q	R	S	T
4	金额	百分比	项目	金额
5	2	1.89%	短期借款	9
6	5	20.00%	应付票据	
7	0	0.00%	应付账款	
8	0	0.00%	预收账款	

第9步 利用快速填充功能，将单元格 T5 中的公式向下填充到单元格 T14，即可计算出各项目的增加（减少）金额，如右上图所示。

O	P		Q	R	S	T	U
3		资产类数据清单				负债类数据清单		
4		项目	金额	百分比	项目	金额	百分比
5		货币资金	2	1.89%	短期借款	9	
6		应收票据	5	20.00%	应付票据	3	
7		应收账款	0	0.00%	应付账款	7	
8		应收利息	0	0.00%	预收账款	18	
9		应收股利	4	7.14%	应付工资	0	
10		其他应收款	2	25.00%	应交税费	8	
11		预付账款	12	28.57%	应付股利	0	
12		存货	13	18.06%	应付利息	0	
13		待摊费用	6	60.00%	其他应付款	2	
14		其他流动资产	10	100.00%	预提费用	6	
15		固定资产净值	0	0.00%	实收资本		
16		固定资产清理	0	0.00%	盈余公积		
17		待处理财产损益	11	220.00%	未分配利润		

比较资产负债表

第10步 选中单元格 T15，在其中输入公式"=ABS(K18)"，按【Enter】键，即可计算出"实收资本"的增加（减少）金额，如下图所示。

T15　=ABS(K18)

	Q	R	S	T	U	V
12	13	18.06%	应付利息	0		
13	6	60.00%	其他应付款	2		
14	10	100.00%	预提费用	6		
15	0	0.00%	实收资本	5		
16	0	0.00%	盈余公积			
17	11	220.00%	未分配利润			
18						

比较资产负债表

第11步 利用快速填充功能，将单元格 T15 中的公式向下填充到单元格 T17，即可计算出各项目的增加（减少）金额，如下图所示。

	Q	R	S	T	U	V
12	13	18.06%	应付利息	0		
13	6	60.00%	其他应付款	2		
14	10	100.00%	预提费用	6		
15	0	0.00%	实收资本	5		
16	0	0.00%	盈余公积	11		
17	11	220.00%	未分配利润	0		
18						

比较资产负债表

第12步 选中单元格区域 T5:T17，将鼠标指针移动到单元格右下角，向右拖动鼠标，将该区域的公式向右填充到单元格区域 U5:U17，即可计算出负债及所有者权益中各项目的增加（减少）百分比，然后设置单元格区域 R5:R17 的数值以百分比的形式显示，如下图所示。

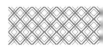

项目	金额	百分比	项目	金额	百分比
货币资金	2	1.89%	短期借款	9	18.37%
应收票据	5	20.00%	应付票据	7	5.08%
应收账款	0	0.00%	应付账款	7	14.00%
应收利息	0	0.00%	预收账款	18	47.37%
应收股利	4	7.14%	应付工资	0	0.00%
其他应收款	2	25.00%	应交税费	8	0.00%
预付账款	12	28.57%	应付股利	1	9.62%
存货	13	18.06%	应付利息	0	0.00%
待摊费用	6	60.00%	其他应付款	2	6.67%
其他流动资产	10	100.00%	预提费用	6	40.00%
固定资产净值	0	0.00%	实收资本	0	6.67%
固定资产清理	0	0.00%	盈余公积	11	31.43%
待处理财产损益	11	220.00%	未分配利润	0	0.00%

（4）对增加（减少）金额与比率进行排序。

建立"金额排序"与"比率排序"辅助表之后，就可以对增加（减少）金额与比率进行排序了。

具体操作步骤如下。

第1步 计算"货币资金"在资产类项目中增加（减少）金额的排序。选中单元格 F6，在其中输入公式"=IF(D6=0,"",RANK(ABS(D6),$Q$5:$Q$17))"，按【Enter】键，即可计算出单元格 D6 的数值在单元格区域 Q5:Q17 中的排序，如下图所示。

	A	B	C	D	E	F
2	公司名称：创世纪有限公司					
3	资产	期初数	期末数	增加（减少）		金额排序
4				金额	百分比	
5	流动资产：					
6	货币资金	106	108	2	1.89%	8
7	应收票据	25	30	5	20.00%	
8	应收账款	106	106	0	0.00%	
9	应收利息	0	0	0	0.00%	

第2步 复制公式，计算出其他项目在资产类项目中增加（减少）金额的排序，如下图所示。

	A	B	C	D	E	F	G	H
3	资产	期初数	期末数	增加（减少）		金额排序	比率排序	负债及所有者权益
4				金额	百分比			
5	流动资产：							流动负债：
6	货币资金	106	108	2	1.89%	8		短期借款
7	应收票据	25	30	5	20.00%	6		应付票据
8	应收账款	106	106	0	0.00%			应付账款
9	应收利息	0	0	0	0.00%			预收账款
10	应收股利	56	60	4	7.14%	7		应付工资
11	其他应收款	8	10	2	25.00%	8		应交税费
12	预付账款	42	30	-12	-28.57%	2		应付股利
13	存货	72	85	13	18.06%	1		应付利息
14	待摊费用	6		6	60.00%			其他应付款
15	其他流动资产	10	20	10	100.00%	4		预提费用
16	流动资产合计	435	465	30	6.90%	#N/A		流动负债合计
17	固定资产：							股东权益：
18	固定资产净值	38	38		0.00%			实收资本
19	固定资产清理	0	0		0.00%			盈余公积
20	待处理财产损益	5	-6	-11	-220.00%	3		未分配利润

| 提示 |

在对增加（减少）金额与百分比进行排序计算的过程中，资产负债表中关于合计值的项目不能参加排序，如果将计算排序的公式应用到合计值项目中，其返回的结果是"#N/A"，说明某个值对于该计算公式或函数不可用。

第3步 计算"货币资金"在资产类项目中增加（减少）百分比的排序。选中单元格 G6，在其中输入公式"=IF(E6=0,"",RANK(ABS(E6),$R$5:$R$17))"，按【Enter】键，即可计算出单元格 E6 的数值在单元格区域 R5:R17 中的排序，如下图所示。

	B	C	D	E	F	G	
1	记有限公司				时间：2022/01/1		
3	期初数	期末数	增加（减少）		金额排序	比率排序	
4			金额	百分比			
5							流动
6	106	108	2	1.89%	8	9	短期
7	25	30	5	20.00%	6		应付
8	106	106		0.00%			应收
9	0	0		0.00%			预收
10	56	60	4	7.14%	7		应付
11	8	10	2	25.00%			应交

第4步 复制公式，计算出其他项目在资产类项目中增加（减少）百分比的排序，如下图所示。

	B	C	D	E	F	G	H	I
3	期初数	期末数	增加（减少）		金额排序	比率排序	负债及所有者权益	期初数
4			金额	百分比				
5							流动负债：	
6	106	108	2	1.89%	8	9	短期借款	49
7	25	30	5	20.00%	6		应付票据	59
8	106	106		0.00%			应付账款	50
9	0	0		0.00%			预收账款	38
10	56	60	4	7.14%			应付工资	20
11	8	10	2	25.00%			应交税费	
12	42	30	-12	-28.57%			应付股利	52
13	72	85	13	18.06%	1		应付利息	60
14	6	16	6	60.00%			其他应付款	30
15	6	16	10	100.00%			预提费用	10
16	435	465	30	6.90%	#N/A		流动负债合计	373
17							股东权益：	
18	38	38		0.00%			实收资本	75
19	0	0		0.00%			盈余公积	35
20	5	-6	-11	-220.00%	3	1	未分配利润	-7

第5步 计算"短期借款"在负债及所有者权益类项目中增加（减少）金额的排序。选中单元格 M6，在其中输入公式"=IF(K6=0,"",RANK(ABS(K6),$T$5:$T$17))"，按【Enter】键，即

可计算出单元格 K6 的数值在单元格区域 T5:T17 中的排序，如下图所示。

	=IF(K6=0,"",RANK(ABS(K6),$T$5:$T$17))					
	H	I	J	K	L	M	N
3	负债及所	期初数	期末数	增加（减少）		金额	比率
4	有者权益			金额	百分比	排序	排序
5	流动负债：						
6	短期借款	49	58	9	18.37%	3	
7	应付票据	59	62	3	5.08%		
8	应付账款	50	57	7	14.00%		
9	预收账款	38	20	-18	-47.37%		
10	应付工资	20	20	0	0.00%		
11	应交税费	0	8	8	0.00%		
12	应付股利	52	57	5	9.62%		
13	应付利息	60	60	0	0.00%		

第6步 复制公式，计算出其他项目在负债及所有者权益类项目中增加（减少）金额的排序，如下图所示。

	H	I	J	K	L	M	N	O
2	/01/18					单位：万元		
3	负债及所	期初数	期末数	增加（减少）		金额	比率	
4	有者权益			金额	百分比	排序	排序	
5	流动负债：							
6	短期借款	49	58	9	18.37%	3		
7	应付票据	59	62	3	5.08%	9		
8	应付账款	50	57	7	14.00%	5		
9	预收账款	38	20	-18	-47.37%	1		
10	应付工资	20	20	0	0.00%			
11	应交税费	0	8	8	0.00%	4		
12	应付股利	52	57	5	9.62%	7		
13	应付利息	60	60	0	0.00%			
14	其他应付款	30	28	-2	-6.67%	10		
15	预提费用	15	21	6	40.00%	6		
16	流动负债合计	373	391	18	4.83%	1		
17	股东权益							
18	实收资本	75	70	-5	-6.67%	7		
19	盈余公积	35	46	11	31.43%	2		

第7步 计算"短期借款"在负债及所有者权益类项目中增加（减少）百分比的排序。选中单元格 N6，在其中输入公式"=IF(L6=0,"",RANK(ABS(L6),$U$5:$U$17))"，按【Enter】键，即可计算出单元格 L6 的数值在单元格区域 U5:U17 中的排序，如下图所示。

	=IF(L6=0,"",RANK(ABS(L6),$U$5:$U$17))						
	H	I	J	K	L	M	N
2	/01/18					单位：万元	
3	负债及所	期初数	期末数	增加（减少）		金额	比率
4	有者权益			金额	百分比	排序	排序
5	流动负债：						
6	短期借款	49	58	9	18.37%	3	4
7	应付票据	59	62	3	5.08%	9	
8	应付账款	50	57	7	14.00%	5	
9	预收账款	38	20	-18	-47.37%	1	
10	应付工资	20	20	0	0.00%		
11	应交税费	0	8	8	0.00%	4	
12	应付股利	52	57	5	9.62%	7	
13	应付利息	60	60	0	0.00%		

第8步 复制公式，计算出其他项目在负债及所有者权益类项目中增加（减少）百分比的排序，如下图所示。

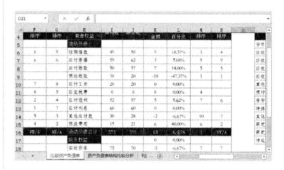

完成上述所有的操作后，用户就可以在"比较资产负债表"工作表中直观地比较期末各项目的增加（减少）金额、增加（减少）百分比与期初各项目的增加（减少）金额、增加（减少）百分比，为企业管理者在财务决策上提供依据。

第5篇

高手秘籍篇

第 14 章　Excel 文档的打印

第 15 章　Office 组件间的协作

本篇主要介绍 Excel 高手秘籍，通过对本篇内容的学习，读者可以掌握 Excel 文档的打印、宏与 VBA 的应用及 Office 组件间的协作等操作。

第 14 章
Excel 文档的打印

本章导读

　　本章主要介绍 Excel 文档的打印方法。通过对本章内容的学习，读者可以轻松地添加打印机、设置打印前的页面效果、选择打印的范围。同时，通过对高级技巧的学习，读者可以掌握行号、列标、网格线、表头等的打印技巧。

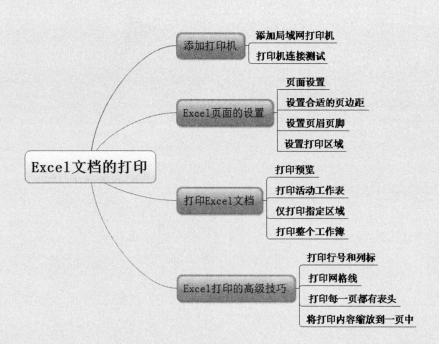

14.1 添加打印机

打印机是自动化办公中不可缺少的一个组成部分，是重要的输出设备之一。通过打印机，用户可以将在计算机中编辑好的文档、图片等资料打印到纸上，从而方便地将资料存档、报送及做其他用途。

14.1.1 添加局域网打印机

连接打印机后，计算机如果没有检测到新硬件，可以通过安装打印机驱动程序的方法添加局域网打印机，具体操作步骤如下。

第1步 右击计算机【开始】按钮，在弹出的快捷菜单中选择【控制面板】选项，打开【控制面板】窗口，单击【硬件和声音】下的【查看设备和打印机】链接，如下图所示。

第2步 弹出【设备和打印机】窗口，单击【添加打印机】按钮，如下图所示。

第3步 即可打开【添加设备】对话框，系统会自动搜索网络内的可用打印机，选择搜索到的打印机，单击【下一页】按钮，如右上图所示。

> **| 提示 |** ::::::::::
>
> 如果需要安装的打印机不在列表内，可单击左下方的【我所需的打印机未列出】链接，在打开的【按其他选项查找打印机】对话框中选择需要安装的打印机，如下图所示。
>
>

第4步 弹出【添加设备】对话框，输入 WPS

PIN 连接打印机，如下图所示。

第5步 打印机安装完成，如果需要打印测试页看打印机是否可用，单击【打印测试页】按钮，即可打印测试页。单击【完成】按钮，就完成了打印机的安装，如下图所示。

第6步 在【设备和打印机】窗口中，用户可以看到新添加的打印机，如下图所示。

14.1.2 打印机连接测试

安装打印机之后，需要测试打印机的连接是否有误，最直接的方式就是打印测试页。

方法 1：在安装驱动过程中测试

安装驱动的过程中，在提示打印机安装成功界面单击【打印测试页】按钮，如果能正常打印，就表示打印机连接正常，单击【完成】按钮完成打印机的安装，如右图所示。

|提示|

如果不能打印测试页，表明打印机安装不正确，可以通过检查打印机是否开启、打印机是否在网络中及重装驱动来排除故障。

方法 2：在【属性】对话框中测试

第1步 右击计算机的【开始】按钮，在弹出的快捷菜单中选择【控制面板】选项，打开【控制面板】窗口，单击【硬件和声音】下的【查看设备和打印机】链接，如下图所示。

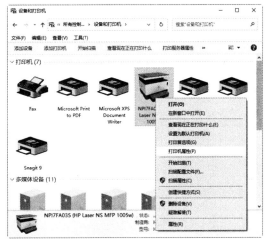

第2步 弹出【设备和打印机】窗口，在要测试的打印机上右击，在弹出的快捷菜单中选择【打印机属性】命令，如右上图所示。

第3步 弹出【属性】对话框，在【常规】选项卡单击【打印测试页】按钮，如下图所示，如果能够正常打印，就表示打印机连接正常。

14.2 Excel 页面的设置

设置打印页面是对已经编辑好的文档进行页面设置，以使其达到满意的打印效果。合理的页面设置不仅可以使打印页面看上去整洁美观，而且可以节约办公费用。

14.2.1 页面设置

在设置页面时，可以对工作表的比例、打印方向等进行设置。
在【页面布局】选项卡中可以对页面进行相应的设置，如下图所示。

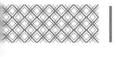

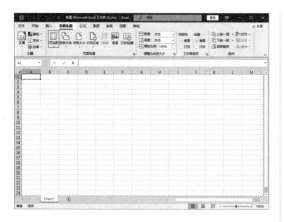

行设置，具体操作步骤如下。

第1步 在【页面布局】选项卡中单击【页面设置】组中的按钮 ，如下图所示。

| 提示 |

【页面设置】组中的按钮含义如下。

【页边距】按钮 ：可以设置整个文档或当前页面边距的大小。

【纸张方向】按钮 ：可以切换页面的纵向布局和横向布局。

【纸张大小】按钮 ：可以选择当前页的页面大小。

【打印区域】按钮 ：可以标记要打印的特定工作表区域。

【分隔符】按钮 ：在所选内容的左上角插入分页符。

【背景】按钮 ：可以为工作表设置背景。

【打印标题】按钮 ：可以指定在每个打印页重复出现的行和列。

除了使用以上 7 个按钮对页面进行设置外，还可以在【页面设置】对话框中对页面进

第2步 弹出【页面设置】对话框，选择【页面】选项卡，进行相应的页面设置。设置完成后，单击【确定】按钮即可，如下图所示。

14.2.2　设置合适的页边距

页边距是指纸张上打印内容的边界与纸张边沿的距离。

在【页面设置】对话框中选择【页边距】选项卡，如下图所示。

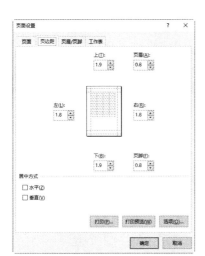

【页边距】选项卡中各个参数的含义如下。

（1）【上】【下】【左】【右】微调框：用来设置上、下、左、右页边距数值。

（2）【页眉】和【页脚】微调框：用来设置页眉和页脚的位置。

（3）【居中方式】区域：用来设置文档内容是否在页边距内居中及如何居中，包括【水

平】和【垂直】两个复选框。【水平】复选框可设置数据打印在水平方向的中间位置；【垂直】复选框可设置数据打印在顶端和底端的中间位置。

在【页面布局】选项卡中单击【页面设置】组中的【页边距】按钮，在弹出的下拉列表中选择一种内置的布局方式，也可以快速设置页边距，如下图所示。

14.2.3 设置页眉和页脚

页眉位于页面的顶端，用于标明名称和报表标题。页脚位于页面的底部，用于标明页码、打印日期和时间等。

设置页眉和页脚的具体操作步骤如下。

第1步 在【页面布局】选项卡中单击【页面设置】组中的 ⌐ 按钮，如下图所示。

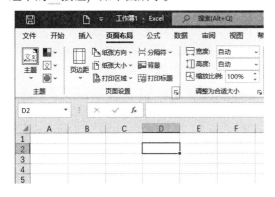

第2步 弹出【页面设置】对话框，选择【页眉 /

页脚】选项卡，从中可以添加、删除、更改和编辑页眉 / 页脚，如下图所示。

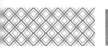

页眉和页脚并不是实际工作表的一部分，设置的页眉和页脚不显示在普通视图中，但可以打印出来。

1. 使用内置页眉和页脚

Excel 2021 提供了多种页眉和页脚的格式。如果要使用内部提供的页眉和页脚的格式，可以在【页眉】和【页脚】下拉列表中选择需要的格式，如下图所示。

2. 自定义页眉和页脚

如果现有的页眉和页脚格式不能满足需要，可以自定义页眉或页脚，进行个性化设置。在【页面设置】对话框中选择【页眉 / 页脚】选项卡，单击【自定义页眉】按钮，弹出【页眉】对话框，如下图所示。

【页眉】对话框中各个按钮和文本框的作用如下。

（1）【格式文本】按钮A：单击该按钮，弹出【字体】对话框，可以设置字体、字形、下划线和颜色等，如下图所示。

（2）【插入页码】按钮：单击该按钮，可以在页眉中插入页码，添加或者删除工作表时 Excel 会自动更新页码。

（3）【插入页数】按钮：单击该按钮，可以在页眉中插入总页数，添加或者删除工作表时 Excel 会自动更新总页数。

（4）【插入日期】按钮：单击该按钮，可以在页眉中插入当前日期。

（5）【插入时间】按钮：单击该按钮，可以在页眉中插入当前时间。

（6）【插入文件路径】按钮：单击该按钮，可以在页眉中插入当前工作簿的绝对路径。

（7）【插入文件名】按钮：单击该按钮，可以在页眉中插入当前工作簿的名称。

（8）【插入数据表名称】按钮：单击该按钮，可以在页眉中插入当前工作表的名称。

（9）【插入图片】按钮：单击该按钮，弹出【插入图片】对话框，其中图片的来源包括【从文件】【必应图像搜索】和【OneDrive-个人】。如在【必应图像搜索】文本框中输入"花"，搜索结果如下图所示，从中选择需要的图片，单击【插入】按钮即可。

（10）【设置图片格式】按钮 ：只有插入了图片，此按钮才可用。单击该按钮，弹出【设置图片格式】对话框，从中可以设置图片的大小、转角、比例、颜色、亮度、对比度等，如下图所示。

（11）【左部】文本框：输入或插入的页眉将出现在页眉的左上角。

（12）【中部】文本框：输入或插入的页眉将出现在页眉的正上方。

（13）【右部】文本框：输入或插入的页眉将出现在页眉的右上角。

在【页面设置】对话框中单击【自定义页脚】按钮，弹出【页脚】对话框，该对话框中各个选项的作用可以参考【页眉】对话框中各个按钮或选项的作用，如下图所示。

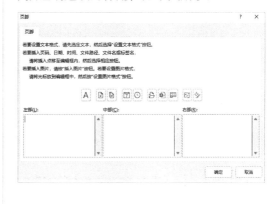

14.2.4 重点：设置打印区域

默认状态下，Excel 会自动选择有文字的区域作为打印区域。如果希望打印某个区域内的数据，可以在【打印区域】文本框中输入要打印区域的单元格区域名称，或者用鼠标选择要打印的单元格区域。

设置打印区域的具体操作步骤如下。

第1步 单击【页面布局】选项卡【页面设置】组中的按钮 ，弹出【页面设置】对话框，选择【工作表】选项卡，如右图所示。

第2步 设置相关的选项，然后单击【确定】按钮即可。【工作表】选项卡中各个按钮和文本框的作用如下。

（1）【打印区域】文本框：用于选定工作表中要打印的区域，如下图所示。

（2）【打印标题】区域：当要打印内容较多的工作表时，需要在每页工作表的上部显示标题行或列。单击【顶端标题行】或【从左侧重复的列数】右侧的按钮 ，选择标题行或列，即可使打印的每页上都包含行或列标题，如下图所示。

（3）【打印】区域：包括【网格线】【单色打印】【草稿质量】【行和列标题】复选框，以及【注释】和【错误单元格打印为】两个下拉列表，如下图所示。

打印			
☐网格线(G)		注释(M):	(无)
☐单色打印(B)		错误单元格打印为(E):	显示值
☐草稿质量(Q)			
☐行和列标题(L)			

| 提示 | :::::::

【网格线】复选框：设置是否显示网格线。

【单色打印】复选框：指定在打印过程中忽略工作表的颜色。如果是彩色打印机，选中该复选框可以减少打印的时间。

【草稿质量】复选框："草稿质量"是一种快速的打印方式，打印过程中不打印网格线、图形和边界，同时也会降低打印的质量。

【行和列标题】复选框：设置是否打印窗口中的行号和列标，默认情况下，这些信息是不打印的。

【注释】下拉列表：用于设置单元格注释的打印设置。可以在下拉列表中选择打印的方式。

【错误单元格打印为】下拉列表：用于设置打印时错误单元格的显示方式。

（4）【打印顺序】区域：选中【先列后行】单选按钮，表示先打印每页的左边部分，再打印右边部分；选中【先行后列】单选按钮，表示在打印下页的左边部分之前，先打印本页的右边部分，如下图所示。

在工作表中选择需要打印的区域，单击【页面布局】选项卡【页面设置】组中的【打印区域】按钮，在弹出的快捷菜单中选择【设置打印区域】选项，即可快速将此区域设置为打印区域。要取消打印区域设置，选择【取消打印区域】选项即可，如下图所示。

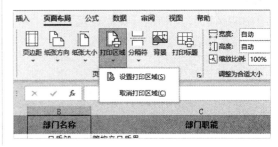

14.3 打印文档

打印预览可以使用户预先对文本打印出来的效果有所了解。如果对打印的效果不满意，可以重新对页面进行编辑和修改。

14.3.1 重点：打印预览

用户不仅可以在打印之前查看文档的排版布局，还可以通过设置得到最佳效果，具体操作步骤如下。

第1步 打开"素材 \ch14\ 部门 01"工作簿，如下图所示。

	A	B	C
1	部门ID	部门名称	部门职能
2	D1	品质部	管控产品质量
3	E1	设计部	设计新产品
4	G1	财务部	负责公司收支、结算及工资发放等
5	G2	经理室	掌控全局，全面负责公司经营管理工作等
6	M1	生产部	根据每月销售订单 组织和管理生产 制订年度生产计划等
7	P1	人事部	各部门人员的招聘、培训和考核等
8	P2	采购部	采购公司所需物资 保证生产经营活动持续进行等
9	S1	秘书室	负责完成领导交办的事项 档案管理、会议组织等
10	S2	销售部	策划和组织企业市场活动 制订销售计划 提升公司业绩等

第2步 单击【文件】选项卡，在弹出的界面左侧列表中选择【打印】选项，在界面的右侧可以看到预览效果，如右上图所示。

第3步 单击界面右下角的【显示边距】按钮，可以开启或关闭页边距、页眉和页脚边距及列宽的控制线，拖动边界和列间隔线可以调整打印效果，如下图所示。

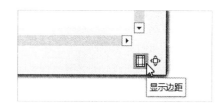

14.3.2 打印活动工作表

页面设置完成后，就可以打印了。不过，在打印之前还需要对打印选项进行设置。

第1步 单击【文件】选项卡，在弹出的界面左侧列表中选择【打印】选项，如右图所示。

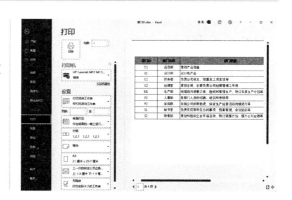

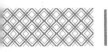

第 2 步 在界面的中间区域设置打印的份数，选择打印机，设置打印的页面范围和页码范围及打印的方式、纸张大小、页边距和缩放比例等，如右图所示。

第 3 步 设置完成后，单击【打印】按钮，即可开始打印。

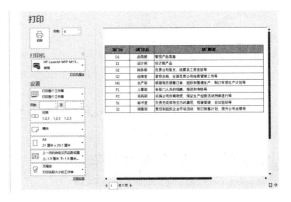

14.3.3　重点：仅打印指定区域

在打印工作表时，如果仅打印工作表的指定区域，就需要对当前工作表进行设置。设置打印指定区域的具体操作步骤如下。

第 1 步 打开"素材 \ch14\ 部门 01"工作簿，选中单元格区域 A1:C8，如下图所示。

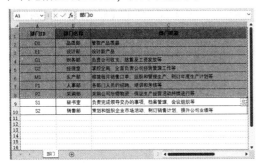

第 2 步 单击【文件】选项卡，在弹出的界面左侧列表中选择【打印】选项，在界面右侧【设置】区域选择【打印选定区域】选项，即可打印选定区域的数据，如下图所示，

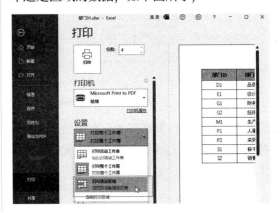

14.3.4　打印整个工作簿

单击【文件】选项卡，在弹出的界面左侧列表中选择【打印】选项，在中间的【设置】区域选择【打印整个工作簿】选项，设置打印的其他参数后，单击【打印】按钮即可打印整个工作簿，如右图所示。

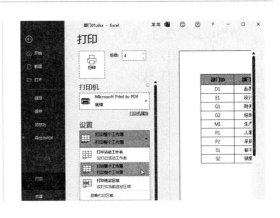

14.4 打印的高级技巧

除上面常用的打印方法外，本节将继续介绍其他的高级打印技巧。

14.4.1 重点：打印行号和列标

在日常工作中，经常会遇到要打印工作表的行号和列标的情况，此时就需要对工作表进行页面设置，具体操作步骤如下。

第1步 在打开的工作表中单击【页面布局】选项卡【页面设置】组中的按钮 ，如下图所示。

第2步 在弹出的【页面设置】对话框中选择【工作表】选项卡，在【打印】区域选中【行和列

标题】复选框，单击【确定】按钮，如下图所示。

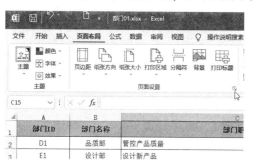

第3步 单击【文件】选项卡，在弹出的界面左侧列表中选择【打印】选项，在【份数】微调框中输入需要打印的份数，在【打印机】下拉列表中选择要使用的打印机，单击【打印】按钮，即可开始打印文档，如下图所示。

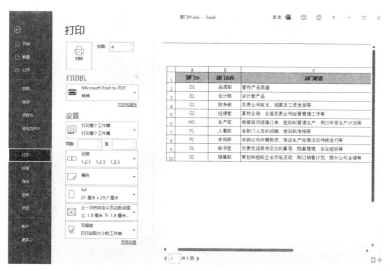

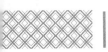

Excel 2021
办公应用从入门到精通

14.4.2 重点：打印网格线

在打印工作表时，一般会打印没有网格线
的工作表。如果工作表没有设置边框，希望将
网格线打印出来，可以打开【页面设置】对话
框，选择【工作表】选项卡，选中【网格线】
复选框，如右图所示。

14.4.3 重点：打印的每一页都有表头

对于多页的工作表，在打印的时候，除第一页外，其他页面都没有表头。通过设置，可以
使打印出的每一页都有表头，具体操作步骤如下。

第1步 打开"素材 \ch14\ 部门 02"文件，部门
工作表的行数为 71 行，默认情况下会分两页
打印。在【页面布局】选项卡中单击【页面设
置】组中的按钮▫，如下图所示。

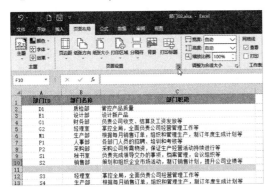

第2步 弹出【页面设置】对话框，选择【工作表】
选项卡，在【打印标题】区域的【顶端标题行】
的右侧单击按钮▲，如右图所示。

第3步 返回 Excel 选择界面，选择第一行为固
定打印标题行，单击▾按钮确认选择，如下图
所示。

第4步 返回【页面设置】对话框,【顶端标题行】文本框中显示已经选择的标题行。查看其他打印参数,确认无误,如下图所示。

第5步 单击【打印预览】按钮,查看打印预览的第二页,即可看到第二页也添加了表头,如下图所示。

14.4.4 重点:将打印内容缩到一页中

有时候为了节省纸张,用户可以将打印内容缩到一页中。

选择【文件】选项卡,在弹出的界面左侧列表中选择【打印】选项,在中间的【设置】区域单击下拉按钮,在弹出的下拉菜单中选择【将工作表调整为一页】选项,如右图所示。

1. Excel 工作表的居中打印

默认情况下，Excel 工作表的内容是居左打印的，如果内容不多，可以将其设置为居中打印，这样看起来更整齐、更美观。

居中方式分为水平方向居中和垂直方向居中。这里以设置水平方向居中为例进行讲解，具体操作步骤如下。

第1步 打开"素材 \ch14\ 部门 01"文件，单击【文件】选项卡，在弹出的界面左侧列表中选择【打印】选项，可查看未设置前的预览效果，如下图所示。

第2步 返回工作表界面，单击【页面布局】选项卡【页面设置】组的 按钮，在弹出的【页面设置】对话框中选择【页边距】选项卡，在【居中方式】区域选中【水平】和【垂直】复选框，如下图所示。

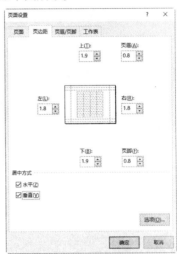

第3步 单击【确定】按钮，再次查看打印的预览效果，发现工作表的内容已经在水平方向上居中并垂直对齐，如下图所示。

2. 不打印单元格底纹和颜色

为了便于阅读和提醒，大多数情况下用户会在单元格中根据需要设置很多的底纹和颜色用以区分，但是当打印的时候，大多数情况下是以黑白打印，太多的底纹和颜色反而会让数据看不清楚，这时可以设置不打印单元格的底纹和颜色，具体操作步骤如下。

第 1 步 打开"素材\ch14\商务旅行预算"工作簿，如下图所示。

第 2 步 单击【文件】选项卡，在弹出的界面左侧列表中选择【打印】选项，在界面的右侧可以看到预览效果，此时底纹和颜色都存在。单击【打印】页面的【页面设置】选项，如下图所示。

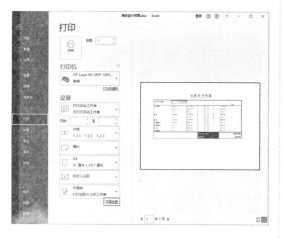

第 3 步 在弹出的【页面设置】对话框中选择【工作表】选项卡，在【打印】区域选中【单色打印】复选框，单击【确定】按钮，如下图所示。

第 4 步 单击【打印预览】按钮，在预览效果中可以看到底纹和颜色都不见了，如下图所示。

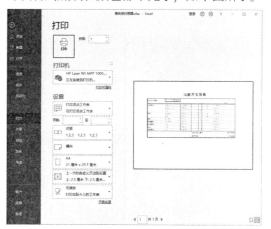

第 15 章
Office 组件间的协作

本章导读

在办公过程中，会经常遇到在 Word 文档中使用表格的情况，而 Office 组件之间可以很方便地相互调用，从而提高工作效率。

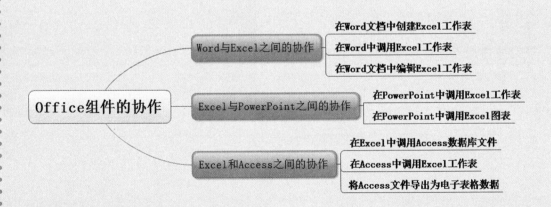

Office组件的协作

Word与Excel之间的协作
- 在Word文档中创建Excel工作表
- 在Word中调用Excel工作表
- 在Word文档中编辑Excel工作表

Excel与PowerPoint之间的协作
- 在PowerPoint中调用Excel工作表
- 在PowerPoint中调用Excel图表

Excel和Access之间的协作
- 在Excel中调用Access数据库文件
- 在Access中调用Excel工作表
- 将Access文件导出为电子表格数据

15.1 Word 与 Excel 之间的协作

Word 与 Excel 都是现代化办公必不可少的工具，可以说，熟练掌握 Word 与 Excel 的协同办公技能是每个办公人员所必需的。

15.1.1 在 Word 中创建 Excel 工作表

Office 2021 的 Word 组件提供了创建 Excel 工作表的功能，这样就可以直接在 Word 中创建 Excel 工作表，而不用在两个软件之间来回切换了。

在 Word 中创建 Excel 工作表的具体操作步骤如下。

第1步 在 Word 2021 的工作界面中单击【插入】选项卡，在【文本】组中单击【对象】按钮，如下图所示。

第2步 弹出【对象】对话框，在【对象类型】列表框中选择【Microsoft Excel 97-2003 Worksheet】选项，单击【确定】按钮，如下图所示。

第3步 文档中就会出现 Excel 工作表，如右图所示。同时，当前窗口最上方的功能区显示的是 Excel 的功能区，直接在工作表中输入需要的数据即可。

第4步 编辑完成后，在空白处单击，返回 Word 文档工作区域，即可看到工作表效果，如下图所示。再次单击 Excel 工作表，可再次进入编辑。

15.1.2 在 Word 中调用 Excel 工作表

除了可以在 Word 中创建 Excel 工作表之外，还可以在 Word 中调用已经创建好的 Excel 工作表，具体操作步骤如下。

第1步 在 Word 2021 的工作界面选择【插入】选项卡，在【文本】组中单击【对象】按钮，弹出【对象】对话框，选择【由文件创建】选项卡，单击【浏览】按钮，如下图所示。

第2步 在弹出的【浏览】对话框中选择需要插入的 Excel 文件，然后单击【插入】按钮，如下图所示。

第3步 返回【对象】对话框，如右上图所示，单击【确定】按钮，即可将 Excel 工作表插入

Word 文档。

第4步 插入 Excel 工作表以后，可以通过工作表四周的控制点调整工作表的位置及大小，如下图所示。

15.1.3 在 Word 文档中编辑 Excel 工作表

在 Word 中除了可以创建和调用 Excel 工作表之外，还可以对创建或调用的 Excel 工作表进行编辑，具体操作步骤如下。

第1步 参照调用 Excel 工作表的方法，在 Word 中插入一个需要编辑的工作表，如右图所示。

第2步 修改工作表标题，例如，要将"办公用品采购清单"修改为"办公用品采购表"，这时就可以双击插入的工作表，进入工作表编辑状态，然后选择"办公用品采购清单"所在的单元格并选中文字，在其中直接输入"办公用品采购表"即可，如右图所示。

| 提示 |

使用相同的方法可以编辑 Excel 工作表中其他单元格的内容。

15.2 Excel 和 PowerPoint 之间的协作

Excel 和 PowerPoint 经常在办公中合作使用，在文档的编辑过程中，Excel 和 PowerPoint 之间可以很方便地相互调用，使用户可以制作出更专业、更高效的文件。

15.2.1 在 PowerPoint 中调用 Excel 工作表

在 PowerPoint 中调用 Excel 工作表的具体操作步骤如下。

第1步 打开"素材 \ch15\ 调用 Excel 工作表 .pptx"文档，选中第 2 张幻灯片，然后单击【新建幻灯片】下拉按钮，在弹出的下拉列表中选择【仅标题】选项。新建一张标题幻灯片，在【单击此处添加标题】文本框中输入"各店销售情况"，并根据需要设置标题样式，效果如下图所示。

第2步 单击【插入】选项卡【文本】组中的【对象】按钮，弹出【插入对象】对话框，选中【由文件创建】单选按钮，然后单击【浏览】按钮，选择"素材 \ch15\ 销售情况表 .xlsx"文档，如下图所示。

第3步 单击【确定】按钮，此时即可在 PowerPoint 中插入 Excel 表格，双击该表格，即可进入 Excel 工作表的编辑状态。在 A9 单元格中输入"总计"，单击 B9 单元格，输入

"=SUM(B3:B8)"，按【Enter】键计算总销售额，如下图所示。

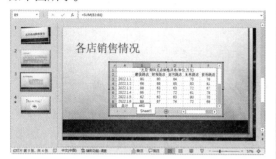

第4步 使用快速填充功能填充 C9:F9 单元格区域，计算出各店总销售额，如下图所示。

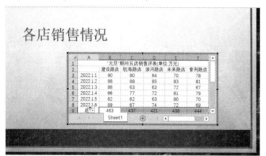

第5步 退出编辑状态，适当调整工作表大小，完成在 PowerPoint 中调用 Excel 工作表的操作，最终效果如下图所示。

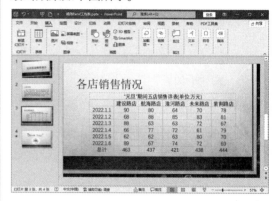

15.2.2 在 PowerPoint 中调用 Excel 图表

用户也可以在 PowerPoint 中调用 Excel 图表。将 Excel 图表复制到 PowerPoint 中的具体操作步骤如下。

第1步 打开"素材 \ch15\ 图表 .xlsx"工作簿，如下图所示。

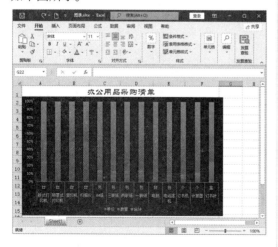

第2步 选中需要复制的图表并右击，在弹出的快捷菜单中选择【复制】选项，如下图所示。

第3步 切换到 PowerPoint 2021，在需要插入图表的地方右击，在弹出的【粘贴选项】中单击【保留源格式和嵌入工作簿】选项，即可将图表粘贴到 PowerPoint，如下图所示。

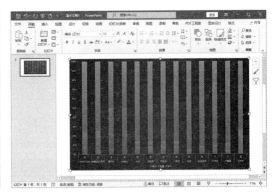

第4步 插入图表后，可以通过图表四周的控制点调整图表的位置及大小，如右图所示。

15.3 Excel 与 Access 之间的协作

Excel 和 Access 之间可以相互调用，能够帮助办公人员提高数据转换的速度。

15.3.1 在 Excel 中调用 Access 数据库文件

在 Excel 2021 中可以直接调用 Access 数据库文件，具体操作步骤如下。

第1步 在 Excel 2021 的工作界面中单击【数据】选项卡【获取和转换数据】组中的【获取数据】按钮，在弹出的快捷菜单中依次单击【来自数据库】→【从 Microsoft Access 数据库】选项，如下图所示。

第3步 弹出【导航器】对话框，选择要导入的数据，这里选择【部门】选项，可以预览效果，如下图所示。如果用户想选择多个数据包，需要选中【选择多项】复选框。

第2步 弹出【导入数据】对话框，选择"素材\ch15\人事管理 .accdb"文件，单击【导入】按钮，如右上图所示。

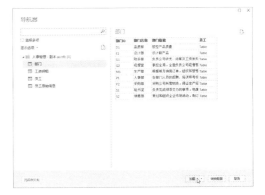

第4步 单击【加载】按钮，即可将 Access 数据库中的数据添加到工作表中，如右图所示。

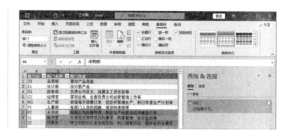

15.3.2 在 Access 中调用 Excel 文件

在 Access 中也可以调用已有的 Excel 文件，具体操作步骤如下。

第1步 打开 Access 2021，新建一个数据库，然后在工作界面中单击【外部数据】选项卡，并在【导入并链接】组中单击【新数据源】按钮，在弹出的快捷菜单中依次选择【从文件】→【Excel】选项，如下图所示。

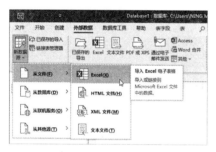

第2步 弹出【获取外部数据 -Excel 电子表格】对话框，单击【浏览】按钮，如下图所示。

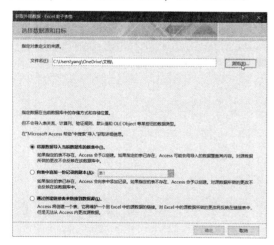

第3步 选择"素材 \ch15\ 部门 .xlsx"文件，返回【获取外部数据 -Excel 电子表格】对话框，如右上图所示。

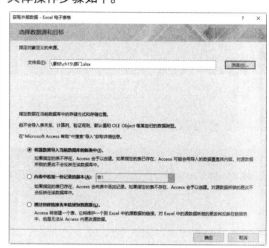

第4步 单击【确定】按钮，弹出【导入数据表向导】对话框，选中【显示工作表】单选按钮，如下图所示。

第5步 单击【下一步】按钮，选中【第一行包含列标题】复选框，单击【下一步】按钮，如下图所示。

第6步 在弹出的对话框中设置字段名称、数据类型和索引，这里采用默认设置，单击【下一步】按钮，如下图所示。

第7步 在弹出的对话框中为新表设置一个主键，主键主要是为了显示每个记录，从而加快数据的检索速度。这里采用默认设置，如下图所示。

第8步 单击【下一步】按钮，在弹出的对话框

中输入【导入到表】的名称，这里为"sheet1"，单击【完成】按钮，如下图所示。

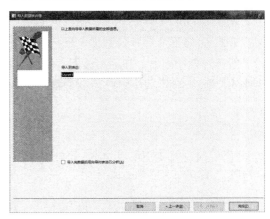

第9步 在弹出的对话框中设置是否保存导入步骤，如果用户还需要重复该操作，则勾选【保存导入步骤】复选框，这里采用默认设置，如下图所示。

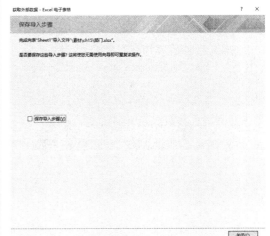

第10步 单击【关闭】按钮，返回 Access 2021 主界面，即可看到"部门.xlsx"的内容已经被导入，如下图所示。

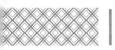

15.3.3 将 Access 数据库中的对象导出为电子表格数据

利用 Access 的导出功能，可将 Access 数据库中的对象导出为 Excel 表格，这样用户既可以在 Access 数据库中存储数据，又可以使用 Excel 来分析数据。导出数据，相当于 Access 创建了所选对象的副本，然后将该副本中的数据存储在 Excel 表格中。下面将"快递信息"数据库中的"配送信息"导出为 Excel 表格，具体操作步骤如下。

第1步 启动 Access 2021，打开"素材\ch14\人事管理.accdb"文件，选择【部门】数据表，选择【外部数据】选项卡，单击【导出】组中的【Excel】按钮，如下图所示。

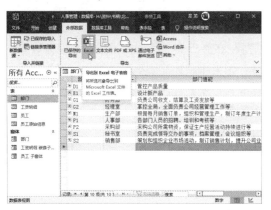

第2步 弹出【导出 -Excel 电子表格】对话框，单击【浏览】按钮，如下图所示。

第3步 弹出【保存文件】对话框，用户可以设置数据对象导出后存储的位置，在【文件名】

文本框中输入导出后的表格名称，如下图所示。

第4步 单击【保存】按钮，返回【导出 -Excel 电子表格】对话框，选中【导出数据时包含格式和布局】和【完成导出操作后打开目标文件】复选框，然后单击【确定】按钮，如下图所示。

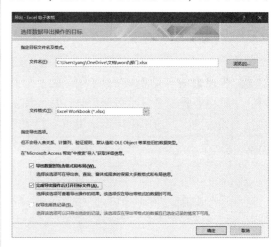

第5步 弹出【保存导出步骤】对话框，单击【关闭】按钮，如下图所示。

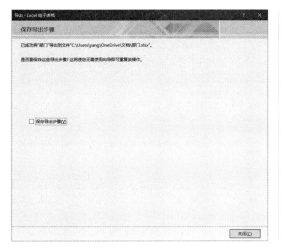

第6步 操作完成后，系统自动以 Excel 表格的形式打开"部门"数据表，如下图所示。

1. 在 Word 中调用幻灯片

用户可以在 Word 中调用幻灯片，具体操作步骤如下。

第1步 打开"素材 \ch15\ 素材 .pptx"文件，选择需要插入 Word 的幻灯片并右击，在弹出的快捷菜单中选择【复制】选项，如下图所示。

第2步 切换到 Word 中，选择【开始】选项卡，在【剪贴板】组中单击【粘贴】下拉按钮，在弹出的下拉菜单中选择【选择性粘贴】选项，如右图所示。

第3步 打开【选择性粘贴】对话框，选中【粘贴】单选按钮，在【形式】列表中选择【Microsoft PowerPoint 幻灯片对象】选项，单击【确定】按钮，如下图所示。

第4步 返回 Word 文档，即可看到插入的幻灯片，如下图所示。

2. 将 Word 文档导出为 PDF 文件

用户可以根据需要将 Word 文档导出为 PDF 文件，具体操作步骤如下。

第1步 打开"素材 \ch15\ 菜单 .docx"文件，然后依次单击【文件】→【导出】→【创建 PDF/XPS 文档】按钮，如下图所示。

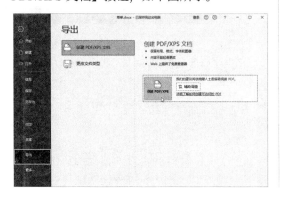

第2步 打开【发布为 PDF 或 XPS】对话框，设置保存的文件名，然后单击【发布】按钮，即可将 Word 文档转换为 PDF 文件，如下图所示。

第3步 导出完成后，会自动打开 PDF 文件，如下图所示。

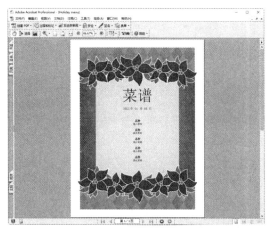